U0323651

21世纪高等学校计算机基础实用规划教材

大学计算机应用基础
实验指导教程

杨开林　肖利群　主编

清华大学出版社

北京

<h2 style="text-align:center">内 容 简 介</h2>

  本书是《大学计算机应用基础教程》配套使用的实验教材,由具有多年教学和实践经验的教师编写,旨在通过大量的实验案例引导学生掌握计算机实践操作技能,提高学生计算机应用操作能力。本书的特点是根据当前人才培养的需求并融合最新计算机发展技术,反映了信息技术的最新成果和发展趋势,使读者对于计算机科学及信息技术有一个全面的认识与了解。

  本书既可作为普通高校的计算机基础教育中"大学计算机基础"课程的教材,也可供其他学习计算机技术的读者参考。

图书在版编目(CIP)数据

大学计算机应用基础实验指导教程/杨开林,肖利群主编.--北京:清华大学出版社,2015
21世纪高等学校计算机基础实用规划教材
ISBN 978-7-302-41167-3

Ⅰ.①大…　Ⅱ.①杨…②肖…　Ⅲ.①电子计算机-高等学校-教学参考资料　Ⅳ.①TP3

中国版本图书馆 CIP 数据核字(2015)第 184732 号

责任编辑:付弘宇　薛　阳
封面设计:何凤霞
责任校对:焦丽丽
责任印制:何　芊

出版发行:清华大学出版社
    网　　　址:http://www.tup.com.cn,http://www.wqbook.com
    地　　　址:北京清华大学学研大厦 A 座　　　邮　　编:100084
    社 总 机:010-62770175　　　　　　　　　邮　　购:010-62786544
    投稿与读者服务:010-62776969,c-service@tup.tsinghua.edu.cn
    质 量 反 馈:010-62772015,zhiliang@tup.tsinghua.edu.cn
    课 件 下 载:http://www.tup.com.cn,010-62795954
印 刷 者:清华大学印刷厂
装 订 者:北京市密云县京文制本装订厂
经　　销:全国新华书店
开　　本:185mm×260mm　　　印　张:10.25　　　字　数:242 千字
版　　次:2015 年 8 月第 1 版　　　　　　　印　次:2015 年 8 月第 1 次印刷
印　　数:1～9500
定　　价:25.00 元

产品编号:065859-01

作者名单

主　编：杨开林　　肖利群

副主编：樊　玲　　陈　显　　李　志

编　委（排名不分先后）：

石　彬　　刘　建　　兰海涛

彭　瑗　　于　婷　　郑丽娟

李雨昕　　吴秒秒　　李云川

谢治军

出 版 说 明

随着我国改革开放的进一步深化,高等教育也得到了快速发展,各地高校紧密结合地方经济建设发展需要,科学运用市场调节机制,加大了使用信息科学等现代科学技术提升、改造传统学科专业的投入力度,通过教育改革合理调整和配置了教育资源,优化了传统学科专业,积极为地方经济建设输送人才,为我国经济社会的快速、健康和可持续发展以及高等教育自身的改革发展做出了巨大贡献。但是,高等教育质量还需要进一步提高以适应经济社会发展的需要,不少高校的专业设置和结构不尽合理,教师队伍整体素质亟待提高,人才培养模式、教学内容和方法需要进一步转变,学生的实践能力和创新精神亟待加强。

教育部一直十分重视高等教育质量工作。2007年1月,教育部下发了《关于实施高等学校本科教学质量与教学改革工程的意见》,计划实施"高等学校本科教学质量与教学改革工程(简称'质量工程')",通过专业结构调整、课程教材建设、实践教学改革、教学团队建设等多项内容,进一步深化高等学校教学改革,提高人才培养的能力和水平,更好地满足经济社会发展对高素质人才的需要。在贯彻和落实教育部"质量工程"的过程中,各地高校发挥师资力量强、办学经验丰富、教学资源充裕等优势,对其特色专业及特色课程(群)加以规划、整理和总结,更新教学内容、改革课程体系,建设了一大批内容新、体系新、方法新、手段新的特色课程。在此基础上,经教育部相关教学指导委员会专家的指导和建议,清华大学出版社在多个领域精选各高校的特色课程,分别规划出版系列教材,以配合"质量工程"的实施,满足各高校教学质量和教学改革的需要。

本系列教材立足于计算机公共课程领域,以公共基础课为主、专业基础课为辅,横向满足高校多层次教学的需要。在规划过程中体现了如下一些基本原则和特点。

(1) 面向多层次、多学科专业,强调计算机在各专业中的应用。教材内容坚持基本理论适度,反映各层次对基本理论和原理的需求,同时加强实践和应用环节。

(2) 反映教学需要,促进教学发展。教材要适应多样化的教学需要,正确把握教学内容和课程体系的改革方向,在选择教材内容和编写体系时注意体现素质教育、创新能力与实践能力的培养,为学生的知识、能力、素质协调发展创造条件。

(3) 实施精品战略,突出重点,保证质量。规划教材把重点放在公共基础课和专业基础课的教材建设上;特别注意选择并安排一部分原来基础比较好的优秀教材或讲义修订再版,逐步形成精品教材;提倡并鼓励编写体现教学质量和教学改革成果的教材。

(4) 主张一纲多本,合理配套。基础课和专业基础课教材配套,同一门课程可以有针对不同层次、面向不同专业的多本具有各自内容特点的教材。处理好教材统一性与多样化,基本教材与辅助教材、教学参考书,文字教材与软件教材的关系,实现教材系列资源配套。

（5）依靠专家，择优选用。在制定教材规划时依靠各课程专家在调查研究本课程教材建设现状的基础上提出规划选题。在落实主编人选时，要引入竞争机制，通过申报、评审确定主题。书稿完成后要认真实行审稿程序，确保出书质量。

繁荣教材出版事业，提高教材质量的关键是教师。建立一支高水平教材编写梯队才能保证教材的编写质量和建设力度，希望有志于教材建设的教师能够加入到我们的编写队伍中来。

21世纪高等学校计算机基础实用规划教材
联系人：魏江江 weijj@tup.tsinghua.edu.cn

前　言

随着现代信息技术的迅猛发展,计算机已经广泛地应用到各个领域中,并与人们的工作、生活、学习息息相关。掌握计算机基础知识及其操作技能已经成为社会生活的必需技能。大学计算机基础课程是各类高等院校学生的必修课程,在教学中除了要使学生掌握一定的计算机基础理论知识,还应注重实践操作能力的培养。

本书是《大学计算机应用基础教程》配套使用的实验教材,是由具有多年教学和实践经验的教师编写,旨在通过大量的实验案例引导学生掌握计算机实践操作技能,提高学生计算机应用操作能力。

全书分为上篇和下篇两部分。

上篇主要是上机操作指导,共有 17 个实验项目,分别是认识计算机、键盘布局与文字录入、Windows 7 操作系统、Word 2010 文字处理软件(4 个实验)、Excel 2010 电子表格(4 个实验)、PowerPoint 2010 演示文稿(3 个实验)、网络基本操作、多媒体制作、网页制作等。其中有 3 个综合实训实验,以相对复杂的案例,提高学生分析解决问题的能力。在部分实验前加入了实验练习,在上课的时候留出部分时间让学生操作,从而加深对理论知识的理解和巩固学生所学的内容,还可以检测学生具体掌握知识的情况。

下篇主要是自测题,根据国家计算机一级考试大纲和考试题型编写,题型主要有选择题和操作题两种。这对学生掌握基础知识和参加全国计算机一级考试具有重要的指导作用。

本书由杨开林、肖利群担任主编,陈显、樊玲、李志担任副主编。上篇的实验 1 由彭瑗编写;实验 2 由郑丽娟编写;实验 3 由李志编写;实验 4 由石彬编写;实验 5 由兰海涛编写;实验 6 由李雨昕编写;其中实验 4、5、6 的综合实训实验由杨开林编写;实验 7 由刘建编写;实验 8 由陈显编写;实验 9 由吴秒秒编写。下篇自测题由郑丽娟、于婷收集整理,实验素材由撰写相关实验的老师提供。最后由杨开林、樊玲、李云川统稿,肖利群审定,在收集素材的工作中陈显、谢治军做了大量工作。

本书在编写的过程中,得到了四川工商学院领导的大力支持,同时得到了许多同行、专家的指导和帮助,在此表示衷心的感谢。由于编者水平所限,书中难免有一些疏漏,敬请读者批评指正。

编　者

2015 年 6 月

目　录

上篇　上机操作指导

下篇　自测题及参考答案

上篇　上机操作指导

实验 1 认识计算机

实验目的

- 熟悉微型计算机的硬件；
- 熟悉微型计算机的常见外部设备与接口；
- 了解微型计算机的主机内部组成。

实验内容

(1) 认知计算机各组件、接口的外观与功能。
(2) 正确开启、关闭计算机。

实验步骤

(1) 目前常用于工作、学习、生活中的计算机是微型计算机中的个人计算机(PC)。个人计算机一般有台式计算机和膝上型计算机(笔记本电脑)两种形式，机房中使用的是台式计算机。

(2) 台式计算机主要分为主机和外部设备(外设)两大类。一般台式计算机均配置显示器、键盘、鼠标等外设，主机与外设主要通过位于机箱后面的外设接口相互连接，如图 1-1 所示。

图 1-1 微型计算机

（3）名词解释。

① 主机：主机是指计算机除去输入输出设备以外的主要机体部分。也是用于放置主板及其他主要部件的控制箱体。通常包括 CPU、内存、硬盘、光驱、电源以及其他输入输出控制器和接口。

② 外部设备：简称"外设"，是指连在计算机主机以外的硬件设备。外设对数据和信息起着传输、转送和存储的作用，是计算机系统中的重要组成部分。

③ 键盘：是最常用也是最主要的输入设备，通过键盘可以将英文字母、数字、标点符号等输入到计算机中，从而向计算机发出命令、输入数据等。

④ 鼠标：是计算机的一种输入设备，分有线和无线两种，是计算机显示器获取纵横坐标、定位操作焦点的指示器。鼠标的使用是为了使计算机的操作更加简便快捷，来代替键盘烦琐的指令。

⑤ 显示器：显示器通常也被称为监视器。显示器属于计算机输出设备。它是一种将一定的电子数据信息通过特定的传输设备显示到屏幕上再反射到人眼的显示工具。根据制造材料的不同，可分为阴极射线管显示器（CRT）、等离子显示器（PDP）和液晶显示器（LCD）等。

（4）外设与主机主要通过主机箱后部的连接端口连接，如图 1-2 所示。

考虑到使用时的方便，一般在主机箱前部也会设置一些经常使用的接口，如图 1-3 所示。

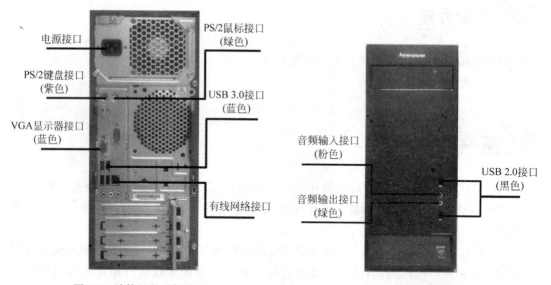

图 1-2　计算机的后部接口　　　　　　　图 1-3　计算机的前部接口

（5）通常计算机主机有电源开关，如图 1-4 所示。鼠标、键盘由计算机主机供电工作，一般不设电源开关。主机可在关机状态下按电源开关加电启动，但关机需要在操作系统中执行相应操作，否则容易丢失正在处理的数据。

（6）显示器上也有电源开关，如图 1-5 所示。计算机开机应首先打开显示器的电源开关，再启动主机电源。

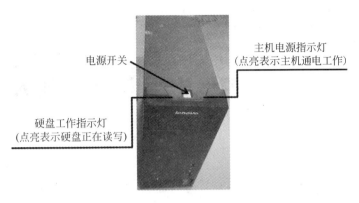

电源开关

主机电源指示灯
(点亮表示主机通电工作)

硬盘工作指示灯
(点亮表示硬盘正在读写)

图 1-4　计算机主机的电源开关

显示器电源指示灯
(点亮表示显示器通电工作)

电源开关

图 1-5　显示器的电源开关

（7）计算机主机内部主要有电源、主板、CPU、CPU 散热器、内存、硬盘等设备，以及电源线、数据线、开关线等连接线缆。正常工作状态下主机箱应扣好各个盖板，只有维护时才需要拆开，如图 1-6 所示。

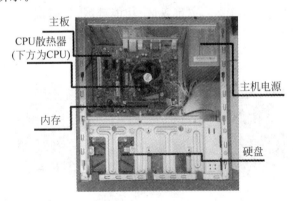

主板

CPU散热器
(下方为CPU)

主机电源

内存

硬盘

图 1-6　主机内部

键盘布局与文字录入

实验目的

- 熟悉键盘布局，了解键盘上各键的键位、名称和功能；
- 掌握正确的键盘操作方法；
- 掌握打字过程中姿势、指法和输入法的切换；
- 通过实验掌握键盘在文字录入中的基本常识。

实验内容

1. 认识键盘

整个键盘按用途可分为五个区：主键盘区、功能键区、编辑键区、辅助键区（小键盘区）和状态指示区，如图 2-1 所示。

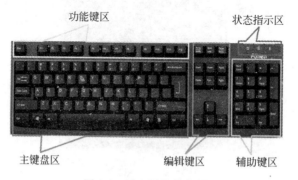

功能键区　　　　状态指示区

主键盘区　　　　编辑键区　　辅助键区

图 2-1　键盘键位分布图

1）主键盘区

主键盘区是键盘操作的主要区域，包括 26 个英文字母、0 到 9 十个数字、运算符号、标点符号和控制键等。

（1）字母键。一共有 26 个英文字母，是按英文打字机的字母顺序排列的，在主键盘区的中央区域。一般计算机开机后，在默认的情况下英文字母的输入为小写。如果需要输入大写的英文字母，可以按住上挡键 Shift 的同时输入英文字母就为大写状态；或者按下大小写字母锁定键 Caps Lock(状态指示区 Caps Lock 指示灯点亮,表示键盘处在大写字母锁定状态),就可以输入大写的英文字母了。再次按下 Caps Lock 键(状态指示区 Caps Lock 指示灯熄灭),重新转入小写输入状态。

(2)数字键。每个数字上面都标有两种符号,按下 Shift+任意数字键,将会输入这个数字键的上标符号,如按 Shift+2 键可输入@,按 Shift+5 键可输入%。

(3)运算符包括+、−、=、>、<、*、/、& 等符号。

(4)标点符号包括,、。、、、;、:、?、''、、""、{}、……等。

(5)控制键及其作用见表 2-1。

表 2-1 键盘部分控制键及其功能

按键	名　称	功　能
Tab	制表键(跳格键)	通常在 Office 软件中确定制表位,按一下光标移到下一个制表位
Caps Lock	大小写字母锁定键	Caps Lock 指示灯亮时,表示键盘处于大写字母输入状态
Shift	换挡键	用于输入双字符按键上上排的字符,也可与其他键组合使用
Ctrl	控制键	与其他键组合成特殊的控制键
Alt	控制键	与其他键组合成特殊的控制键
Space	空格键	按一次,在当前光标位置空出一个字符的位置
Enter	回车键	命令确定,输入字符时实现换行
Backspace	退格键	按一次,将删除当前光标位置的前一个字符
Win	徽标键	按下,显示或隐藏"开始"菜单

2)功能键区

位于键盘的上面一行,包括 Esc 键和 F1~F12 键。常用的一些功能键的作用如表 2-2 所示。

表 2-2 常用键盘功能键的作用

键名	功　能
Esc	退出键,在一些软件的支持下,通常用于退出某种环境、状态或终止程序
F1	显示当前程序或者 Windows 的帮助内容
F2	当选中一个文件时,按此键可以重命名
F3	当处于桌面状态时,按下此键打开"搜索"窗口
F10	激活当前程序的菜单栏

3)编辑键区

常用的有 Insert、Delete、Home、End、Page Up、Page Down、Print Screen 和四个方向键 ←、↑、→、↓。它们的功能如表 2-3 所示。

4)辅助键区

辅助键区又名小键盘区,主要为输入大量数据时提供方便,包括 0~9 十个数字键、

Num Lock、/、*、－、＋、Enter、Del 键。其中除了数字键 5、Num Lock、/、*、－、＋、Enter 键以外，其他键都是上挡键，有双重功能，一是代表数字，二是代表编辑键。

表 2-3　常用编辑键的作用

键　名	功　能
Insert	插入字符开关键，可以改变字符的插入和改写状态
Delete	删除键，按一次可以删除光标所在位置后面的一个字符
Home	行首键，按一次，光标会移到当前行的开头位置
End	行尾键，按一次，光标会移到当前行的末尾
Page Up	向上翻页键，用于浏览当前屏幕显示的上一页内容
Page Down	向下翻页键，用于浏览当前屏幕显示的下一页内容
Print Screen	截屏键，按下该键可以将整个屏幕以图片的格式保存到"剪贴板"中
←、↑、→、↓	光标移动键，使光标分别向左、向上、向右、向下移动

Num Lock 键是数字锁定键。按一次该键，键盘右上角 Num Lock 指示灯会灭，此时小键盘区上的上下挡键具有编辑键和光标移动键的功能。再按一次 Num Lock 键，键盘右上角 Num Lock 指示灯会亮，此时小键盘区上的上下挡键作为数字符号键使用。

2. 基本指法和键位练习

在进行打字时，应保持一种正确的操作姿势。正确的姿势如图 2-2 所示。

图 2-2　正确的打字姿势

（1）腰部坐直，两肩放松，上身微向前倾。

（2）手臂自然下垂，小臂和手腕自然平抬。

（3）手指略微弯曲，左右食指、中指、无名指、小指依次轻放在 F、D、S、A 和 J、K、L、；八个基准键上，大拇指则轻放于 Space 键上。各个手指正确的分工如图 2-3 所示。

（4）眼睛看着文稿或屏幕。

（5）按键时，伸出手指弹击按键，之后手迅速回归基准键位，做好下次击键准备。如需要空格，则用右手大拇指轻击 Space 键。

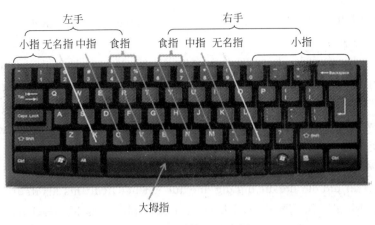

图 2-3　键位指法示意图

3. 输入法的切换

一般情况下,Windows 操作系统都带有几种输入法,在系统安装时就已经安装了一些默认的汉字输入法,例如,微软拼音输入法、智能 ABC 输入法、全拼输入法等。用户可以根据需要选择添加或者删除输入法。具体操作步骤:鼠标右键单击"语言栏",在快捷菜单中选择"设置"命令,在弹出的"文本服务和输入语言"对话框中的"常规"选项卡中,通过"添加"和"删除"按钮可以添加或删除输入法,同时还可以安装新的输入法。

1) 常用输入法的切换

(1) 鼠标切换。鼠标单击"语言栏",选择需要的输入法。

(2) 键盘切换。按 Ctrl+Shift 键可以在已安装的输入法之间进行切换。

(3) 中英文切换。按 Ctrl+Space 键可以实现中英文输入法的切换。

2) 全角/半角切换

全角和半角是针对中文输入法输入字符的不同状态。全角模式,输入一个字符占用两个标准字符的位置;半角模式,输入一个字符占用一个标准字符的位置。全角模式输出的字符和半角不同,但是汉字两个模式都是占用两个标准字符的位置。某些特殊的函数,比如命令就不能用全角输入。

(1) 鼠标切换。单击"语言栏"图标中的全角和半角图标可以切换(全角是圆,半角是月亮),如图 2-4 所示。

(2) 键盘切换。按 Shift+Space 键可以进行全角和半角的切换。

全角/半角图标

图 2-4　"语言栏"图标

![实验步骤]

(1) 选择"开始"→"程序"→"附件"→"记事本"命令,启动记事本程序。

(2) 单击记事本窗口右上角的"最大化"按钮,输入以下内容。

① 基本键位练习。

asdf jkl asdf jkl asdf jkl asdf jkl asdf jkl asdf jkl add add all all asas ask ask sad sad salad salad fall fall lad lad had had 'has has' 'half half' 'gas gas' "dash dash" : "glass glass".

③ 食指离位练习。

ally ally salt salt shut shut start start drug drug dark dark dual dual dusk dusk dust dust duty duty flag flag just just lady ladylast last gray gulf gulf halt halt talk talk that that thus thus sugar sugar laugh laugh hurry hurry not not run run fun fun gun gun job job now now new new net net sin sin son son he he tea tea year year value value vase vase via via bit bit boy boy bus bus buy buy rubrub book book best best but but be be bad bad.

③ 中指离位练习。

aid aid air air did did die die dig dig due due her her fit fit his his its its key key let let deal deal esle esle flie flie head head heat heat hers hers less less real real ride ride they they this this yard yard ahead ahead alike alike arise arise aside aside large large right right shift shift met met back back cake cake call call came came cent cent cion cion cold cold come come cure cure such such.

④ 无名指离位练习。

ago ago for for got got hot hot off off oil oil out out play play too too who who way way why why also aslo does does door door drop drop flow flow food food fool fool four four good good help help wait wait wake wake wall wall weak weak wear wear week week well well wide wide wife wife will will wish wish taxi taxi exit exit text text test test next next.

⑤ 小指离位练习。

question question quit quit quote quote quick quick pay pay please please path path peak peak zero zero zip zip zone zone sise size what what whose whose who se Where Where When When Why Why Shell Shell Have Have Had Had Can Can Could Could Do Do Dose Dose Did Did Have Have Are Are Was Was Were Were.

⑥ 输入键盘上第一排数字键上的内容。

、1 2 3 4 5 6 7 8 9 0 — = \\

按住 Shift 键,再依次按下第一排数字键。

～！@ # $ % ^ & * ( ) _ + |

⑦ 输入下列符号,各符号之间加一个空格。

' " , 。: ; ? \\ @ # $ % ^ & | ( ) { } [ ] < > + _ * /

⑧ 英文打字练习。

From the definition of *The Internet of Things* made a deep study firstly. Then, aiming at the development and shortcomings between *The Internet of Things* and *The Intelligent Home System*, the author designed a kind of Smart Home System based on *The Internet of Things* with the perspective of low-cost, low-power, fast network. The system has a function of monitoring management and security monitoring alarm to the environment of Home Furnishing and running of the household electrical appliances. The system can also send messages to users through wire or wireless system and display or control through the web. At the same time, the system can make Home Furnishing intelligent and humane. This design has many advantages, such as: low cost, stable performance, simple operation, humanization, and a certain practical value and research prospects as well.

⑨ 中文打字练习

Microsoft Office 可以说是微软影响力最为广泛的产品之一，它和 Windows 操作系统一起被称为微软双雄。最初只是作为一个推广名称出现于 20 世纪 90 年代早期，并且当时仅包含 Word、Excel 和 PowerPoint(另外一个专业版包含 Access)。2010 年 4 月 15 日，微软宣布 Office 2010 正式进入 RTM 阶段，并将于 5 月 12 日首先面向企业用户发布 Office 2010 正式版，6 月中旬面向消费者发布 Office 2010 正式版。

计算机等级考试的汉字录入题的注意事项：第一是半角与全角的区别。例如 PC 与 ＰＣ、123 与 １２３、abc 与 ａｂｃ。第二是中文标点与英文标点的不同，例如""和""的区别，还有一些标点符号必须在中文标点状态下输入。例如破折号——，省略号……，顿号、等。第三是一些特殊的字符需要借助软键盘完成输入。例如数学符号乘号×和除号÷；特殊符号★、※、♂；日文平假名しさぁま等。第四是注意辨别题目中的空格位置，保持输入内容与题目的内容一一对齐。

（3）选择"文件"→"保存"命令，弹出"另存为"对话框，保存位置为"桌面"，文件名为"实验 2.txt"。

（4）单击窗口右上角的"关闭"按钮，退出记事本程序。

（5）课外练习。

启动金山打字通，选择相应内容及输入法，坚持科学打字练习。保证准确率，逐步提高打字速度。

实验 3 Windows 7 操作系统

练习 文件与文件夹的操作

 练习要求

- 了解资源管理器的功能及组成；
- 掌握文件及文件夹的概念；
- 掌握文件及文件夹的使用，包括创建、移动、复制、删除等；
- 掌握文件夹属性的设置及查看方式。

 练习内容

1. 打开资源管理器

右击桌面左下角"开始"按钮，在出现的快捷菜单中选择"Windows 资源管理器"，打开资源管理器窗口，也可以选择"开始"→"所有程序"→"附件"→"Windows 资源管理器"命令来打开资源管理器。

2. 设置文件及文件夹的显示方式及排列方式

1) 改变文件夹及文件的显示方式

在资源管理器中打开"查看"菜单，或在资源管理器右边窗口的空白处单击鼠标右键，选择"查看"菜单，分别选择"超大图标"、"大图标"、"中等图标"、"小图标"、"平铺"、"内容"、"列表"、"详细信息"菜单项，可以改变文件夹及文件的排列方式。

2) 改变文件夹及文件的图标排列方式

选择"查看"→"排序方式"命令，或右击鼠标，在快捷菜单中选择"排序方式"，然后选择"名称"、"大小"或"类型"等，图标的排列顺序随之改变。

3. 创建文件夹

在 C 盘上创建一个名为 XS 的文件夹，再在 XS 文件夹下创建两个并列的子文件夹，其名为 XS1 和 XS2。

方法一：在资源管理器窗口的导航窗格选定 C:\为当前目录，在右窗格，执行"文件"→

"新建"→"文件夹"命令,右窗格出现一个文件夹,名称为"新建文件夹"。将"新建文件夹"改名为 XS 即可。

方法二:在资源管理器窗口的导航窗格选定 C:\为当前目录,在右窗格的空白位置处右击,在弹出的快捷菜单中选择"新建"→"文件夹"命令,右窗格出现一个新建文件夹,名称为"新建文件夹"。将"新建文件夹"改名为 XS 即可。

双击 XS 文件夹,进入该文件夹,用上述同样方法创建文件夹 XS1 和 XS2。

4. 复制、剪切、移动文件

(1) 在 C 盘中任选 3 个不连续的文件,将它们复制到 C:\XS 文件夹中。

方法一:

① 选中多个不连续的文件。按住 Ctrl 键不放,单击需要的文件(或文件夹),即可同时选中多个不连续的文件(或文件夹)。

② 复制文件。选择"编辑"→"复制"命令,或者右击,在快捷菜单中选择"复制"命令,或者按 Ctrl+C 键。

③ 粘贴文件。双击 XS 文件夹,进入 XS 文件夹,选择"编辑"→"粘贴"命令,或者右击,在快捷菜单中选择"粘贴"命令,或者按组合键 Ctrl+V,即可将复制的文件粘贴到当前文件夹中。

方法二:

① 打开左窗格的 C 盘文件目录,使目标文件夹 XS 在左窗格可见。

② 选中三个不连续文件,按住 Ctrl 键,拖曳选中的文件到左窗格目标文件夹 XS。

特别要注意的是,由于源文件和目标文件在同一磁盘,如果不按住 Ctrl 键拖曳文件,将是移动文件而不是复制文件。

(2) 在 C 盘中任选 3 个连续的文件,将它们复制到 C:\XS\XS1 文件夹中。

① 选择多个连续的文件。按住 Shift 键不放,单击需复制的第一个文件及最后一个文件,即可同时选中这两个文件之间的所有文件。

② 用(1)中所述方法复制粘贴这些文件。

(3) 将 C:\XS 文件夹中的一个文件移动到子文件夹 XS2 中。

在资源管理器右窗格打开 XS 文件夹,选择一个文件,在左窗格展开 XS 文件夹,直接移动该文件到左窗格的 XS2 文件夹中即可。

5. 查看并设置文件和文件夹的属性

选择文件夹 XS2,在右键菜单中选择"属性"命令,出现"属性"对话框。在"常规"选项卡上可以看到类型、位置、大小、占用空间、包含的文件夹及文件数等信息。选中对话框上的"只读"复选框,XS2 文件夹成为只读文件夹;选中"隐藏"复选框,XS2 成为隐藏文件夹。

6. 控制窗口内显示/不显示隐藏文件(夹)

选择"工具"→"文件夹选项"命令,在"隐藏文件和文件夹"下选择"不显示隐藏的文件、文件夹或驱动器",单击"确定"按钮。打开 XS 文件夹,XS2 文件夹不可见。选择"显示隐藏的文件、文件夹或驱动器",单击"确定"按钮。再次打开 XS 文件夹,XS2 文件夹可见。

7. 文件的重命名

1）改主文件名

打开 C:\XS 文件夹,在任意空白处单击鼠标右键,在快捷菜单中选择"新建"→"文本文档"命令,出现一个新文件,名为"新建文本文档",而且文件名处于编辑状态,输入新文件名"LX1",按 Enter 键确认即可(文件的全名为"LX1.TXT")。选择文件 LX1.TXT,在文件名处再次单击,文件名进入编辑状态,此时可再次修改文件名。

2）改扩展名

在"文件夹选项"窗口中,对"隐藏已知文件类型的扩展名"选项去掉勾选,资源管理器中将显示文件的全名(主文件名＋扩展名),此时即可修改文件的扩展名(文件类型),如将 LX1.TXT 改名为 LX1.DOC。

8. 文件及文件夹的删除与恢复

1）删除文件至"回收站"

（1）打开文件夹 C:\XS,选择文件 LX1.TXT。

（2）按 Delete 键或选择"文件"→"删除"命令或在右键快捷菜单中选择"删除"命令,显示确认删除信息框,单击"是"按钮,确认删除。

2）删除文件夹 C:\XS\XS2

步骤方法同上,但对象文件夹在左、右窗格都可选择。

3）从"回收站"恢复被删除文件夹及文件

（1）双击桌面上的"回收站"图标打开回收站,选择文件夹 XS2。

（2）选择"文件"→"还原"命令,或在右键菜单中选择"还原"命令,即可恢复被删除的文件夹;同理,可恢复被删除的文件 LX1.TXT。

4）永久删除一个文件夹或文件

选中待删除的文件(夹),按 Shift＋Delete 键,在确认删除对话框中单击"是"按钮,即可彻底删除该文件(夹)。

9. 文件和文件夹的搜索

（1）设置搜索方式。在资源管理器窗口中打开"组织"下拉列表,选择"文件夹和搜索选项"命令,在"搜索"选项卡的"搜索内容"部分选择"始终搜索文件名和内容",在"搜索方式"部分选中"在搜索文件夹时在搜索结果中包括子文件夹"和"查找部分匹配"复选框,可以根据文件名或文件内容进行文件搜索。

（2）搜索 C 盘及其子文件夹下所有文件名以 LX 开头的文本文件(扩展名为.TXT)。打开资源管理器,在左窗格选择 C 盘,在窗口右上角的搜索栏中输入"LX＊.TXT",搜索结果显示在右侧窗口。

（3）在"计算机"里搜索所有包含文字 god 且文件大小超过 10KB,在 2005 年 6 月 1 日至 2015 年 6 月 25 日之间修改的文本文件(扩展名为 TXT)。

① 在资源管理器的左窗格选择"计算机",然后在搜索框中输入 My god。

② 在"添加搜索筛选器"下选择"大小"为"微小(0～10KB)"。

③ 在"添加搜索筛选器"下选择"修改日期"为 2005-6-1 至 2015-6-25,方法是首先选择

2005-6-1,按住 Shift 键,再选择 2015-6-25 即可。

④ 搜索结果显示在右侧窗口。

练习　控制面板与磁盘管理

 练习要求

- 掌握"控制面板"中常用资源的设置;
- 掌握添加和删除应用程序的方法;
- 了解附件中常用的"小程序"的使用;
- 掌握基本的磁盘管理方法。

 练习内容

1. 控制面板的使用

控制面板(Control Panel)是 Windows 图形用户界面一部分,它允许用户查看并操作基本的系统设置和控制,比如添加硬件、添加/删除软件、控制用户账户、更改辅助功能选项等。

打开"开始"菜单下的"控制面板",出现控制面板窗口,是以小图标方式显示的控制面板窗口。

1) 查看"系统"设置

单击控制面板中的"系统"图标(或者在桌面选中"计算机"图标,在右键菜单中选择"属性"命令),出现"系统属性"窗口。可以在该窗口查看并更改基本的系统设置。例如显示用户计算机的常规信息、编辑位于工作组中的计算机名、管理并配置硬件设备、启用自动更新。

2) 添加或删除程序

在控制面板窗口中单击"程序和功能"图标,进入"程序和功能"窗口。此时用户可以从系统中删除或更改程序。添加/删除程序窗口也会显示程序的版本、安装的时间以及程序占用的磁盘空间。

如果需要删除(卸载)一个已经安装的应用程序,选中该程序右击,在弹出的快捷菜单中选择"卸载/更改"命令即可按提示的步骤卸载一个应用程序。

3) 设置"用户账户"

在控制面板窗口中选择"用户账户"命令,进入"用户账户"窗口。

(1) 为当前账户创建密码

选择"为您的账户创建密码"命令,出现"创建密码"窗口,在对应的文本框中输入密码及密码提示,然后单击"创建密码"按钮即可,下次登录时密码启用。

（2）创建一个新账户

单击"管理其他账户"，出现"管理账户"窗口，选择"创建一个新账户"，出现"创建新账户"窗口，输入新账户的名称（例如 administrator_2），选择账户的类型（例如管理员），然后单击"创建账户"按钮即可。创建了一个新账户后，可以给该账户设置密码，也可以更改名称。

（3）删除账户

方法一：在窗口中选择需要删除的账户，如 administrator_1，打开更改账户窗口，选择"删除账户"即可，但不能删除第一个创建的计算机管理员账户。

方法二：选择控制面板中的"管理工具"，再在"管理工具"窗口中选择"计算机管理"，打开"计算机管理"窗口，展开左窗格的"本地用户和组"，选择"用户"，右窗格中显示所有的账户信息，选择要删除的账户，在右键菜单中选择"删除"命令即可。

4）设置"日期和时间"

单击控制面板中的"日期和时间"图标（或双击桌面右下角的时间），进入"日期和时间属性"窗口，单击"更改日期和时间"按钮，出现日期和时间设置对话框，用户可以在此调整系统日期和时间。

5）设置"区域和语言选项"，添加"微软拼音输入法"

区域和语言选项可改变多种区域设置，例如，数字显示的方式（例如十进制分隔符）、默认的货币符号、时间和日期格式、用户计算机的位置、安装输入法等。

（1）在控制面板窗口中单击"区域和语言选项"，打开"区域与语言"对话框，可以设置日期和时间的格式。

（2）单击"其他设置"按钮，打开自定义格式对话框，可以设置数字、货币、日期和时间等格式。

（3）在"区域和语言"对话框中选择"键盘和语言"选项卡。

（4）单击"更改键盘"按钮，出现"文本服务和输入语言"对话框，对话框中显示的是已安装的输入法。

（5）单击"添加"按钮，出现"添加输入语言"对话框，在列表中选择"中文（简体，中国）-微软拼音输入法 2007"，然后单击"确定"按钮。

2. 附件的使用

1）画图程序

选择"开始"→"所有程序"→"附件"→"画图"命令，启动"画图"程序，制作一张贺年片并保存为"贺年片.JPG"，保存在桌面。

2）记事本程序

选择"开始"→"所有程序"→"附件"→"记事本"命令，启动"记事本"程序，录入"样文"中的文字，然后选择"文件"→"保存"命令，将录入的内容存入"库"中的"文档"，文件名为 LX3-1.TXT。

【样文】

在计算机没有 file 管理系统的时期，file 的使用是相当复杂、极为烦琐的工作。特别是用户 file 的组织和管理常常要用户亲自干预,稍不小心,就会破坏已存入介质的 file。为了用户方便地使用 file,当然也为了操作系统本身的需要,现代计算机的操作系统中都配备了 file 文件系统,由它负责存取和管理 file 信息。

说明:汉字输入时的键盘切换如下。

(1) Ctrl+Space。在英文状态和汉字输入状态间切换。

(2) Ctrl+ Shift 或 Alt+Shift。在各种中文输入法间切换。

(3) Ctrl+·。在中英文标点符号间切换。

(4) Shift+Space。在全角/半角间切换。

3) 系统工具的使用

(1) 运行"磁盘清理程序"

磁盘清理程序搜索计算机的驱动器,然后列出临时文件、Internet 缓存文件和可以安全删除的不需要的程序文件。可以使用磁盘清理程序删除部分或全部这些文件,帮助释放磁盘空间。

方法一:双击桌面上"计算机"图标,打开"计算机"窗口,选择一个硬盘驱动器,如 C 盘,在右键菜单中选择"属性"命令,单击"磁盘清理"按钮,即开始进行磁盘清理。

方法二:打开"开始"菜单,选择"所有程序"→"附件"→"系统工具"→"磁盘清理"命令,选择待清理的驱动器,即可进入磁盘清理。选择需要清理删除的文件,单击"确定"按钮即可删除这些文件。

(2) 运行"磁盘碎片整理程序"

硬盘经过长时间使用后,如果经常存盘和删除文件,那么文件的存放位置就可能变得七零八碎,不是连续的,使硬盘读取文件变慢,因此有必要定期(例如每月一次)对磁盘碎片进行分析和整理。

方法一:选择一个磁盘,在属性窗口中选择"工具"对话框,单击"立即进行碎片整理"按钮。

方法二:选择"开始"→"所有程序"→"附件"→"系统工具"→"磁盘碎片整理程序"命令,也可以运行磁盘碎片整理程序。单击"磁盘碎片整理"按钮,即开始磁盘碎片整理。该功能需要花费比较多的时间,用户可以随时终止。用户也可以单击"配置计划"按钮,在打开的对话框中配置磁盘碎片整理计划,到了规定的时间(如每月第一天的 1 点),系统会自动进行碎片整理。

实验 3.1　Windows 7 的基本操作

 实验目的

- 掌握鼠标的基本操作;
- 掌握窗口、菜单基本操作;
- 掌握桌面主题的设置;

- 掌握任务栏的使用和设置及任务切换功能；
- 掌握"开始"菜单的组织；
- 掌握快捷方式的创建。

实验内容

完成以下操作。

实验步骤

1. 鼠标的使用

Step1：指向。将鼠标依次指向任务栏上每一个图标，如将鼠标指向桌面右下角时钟图标显示计算机系统日期。

Step2：单击。单击用于选定对象。单击任务栏上的"开始"按钮，打开"开始"菜单；将鼠标移到桌面上的"计算机"图标处，图标颜色变浅，说明选中了该图标。

Step3：拖动。将桌面上的"计算机"图标移动到新的位置（如不能移走，则应在桌面空白处右击，在快捷菜单的"查看"菜单中，将"自动排列图标"前的对勾去掉）。

Step4：双击。双击用于执行程序或打开窗口。双击桌面上的"计算机"图标，即可打开"计算机"窗口，双击某一应用程序图标，即可启动某一应用程序。

Step5：右击。右击用于调出快捷菜单。右击桌面左下角"开始"按钮，或右击任务栏上空白处、右击桌面上空白处、右击"计算机"图标、右击文件夹图标或文件图标，都会弹出不同的快捷菜单。

2. 桌面主题的设置

Step1：在桌面的空白位置右击，在弹出的快捷菜单中选择"个性化"命令，出现"个性化"设置窗口。选择桌面主题为 Aero 风格的"风景"，观察桌面主题的变化。然后单击"保存主题"按钮，保存该主题为"我的风景"。

Step2：单击"窗口颜色"，打开"窗口颜色和外观"窗口，选择一种窗口的颜色，如"深红色"，可以观察到桌面窗口边框的颜色从原来的暗灰色变成了深红色，最后单击"保存修改"按钮。

Step3：单击"桌面背景"，设置桌面背景图为"风景"，设置为幻灯片放映，将"更改图片时间间隔"设置为"5 分钟"，并选中"无序播放"复选框。

Step4：设置屏幕保护程序为三维文字，屏幕保护等待时间为 5 分钟。

（1）单击"屏幕保护程序"，出现"屏幕保护程序设置"对话框，在"屏幕保护程序"下拉列表框中选择"三维文字"，在"等待"文本框中输入"5 分钟"，然后单击"设置"按钮。

（2）在打开的"三维文字设置"对话框的"自定义文字"文本框中输入 hello，然后单击

"选择字体"按钮,选择需要的字体,单击"确定"按钮。

（3）如果要为屏幕保护设置密码,在"屏幕保护程序设置"对话框中的"在恢复时显示登录屏幕"复选框中打√。

3. 改变屏幕分辨率及窗口显示字体

Step1：更改屏幕分辨率。

在桌面的空白位置单击鼠标右键,选择快捷菜单中的"屏幕分辨率"选项,弹出"屏幕分辨"窗口,在"分辨率"下拉列表框中设置屏幕分辨率为 1280×720,然后单击"确定"或"应用"按钮即可。

Step2：设置窗口显示字体。

选择"放大或缩小文本和其他项目",在窗口中,选择"较大-150%",然后单击"应用"按钮即可。该设置生效后,在桌面空白处右击,会发现弹出的快捷菜单字体和颜色都发生了改变；打开资源管理器或 Word 文档等,也会发现菜单字体和颜色都发生了改变。

4. 桌面图标设置及排列

Step1：在桌面显示控制面板图标。

在"个性化"设置窗口中选择"更改桌面图标",然后在弹出的对话框中选中"控制面板"复选框,单击"确定"或"应用"按钮即可。

Step2：将桌面图标按"名称"排列。

在桌面空白处右击,在快捷菜单中选择"排序方式"→"名称"选项即可。

Step3：设置桌面不显示任何图标。

去掉勾选桌面快捷菜单的"查看"→"显示桌面图标"选项,桌面上的所有图标都不将显示。

5. 窗口操作

Step1：Windows 7 窗口操作。

双击桌面上"计算机"图标,打开"计算机"窗口,进行如下操作。

（1）单击窗口右上角的三个按钮,实现最小化、最大化/还原和关闭窗口操作。

（2）拖动窗口边框或窗口角,调整窗口大小。

（3）在窗口的标题栏上按住鼠标左键并进行拖动,移动窗口。双击标题栏,最大化窗口或还原窗口。

（4）通过 Aero Snap 功能调整窗口。窗口最大化：Win+向上箭头；窗口靠左显示：Win+向左箭头；窗口靠右显示：Win+向右箭头；还原或窗口最小化：Win+向下箭头。

（5）单击"组织"按钮,选择"布局"选项,在级联菜单中去掉勾选或勾选"菜单栏"、"细节窗格"、"导航窗格"、"预览窗格",观察"计算机"窗口布局的变化。

（6）使用 Alt+Space 键在屏幕左上角打开控制菜单,然后使用键盘进行窗口操作。

（7）按 Alt+F4 键关闭窗口。

Step2：使用 Windows 7 窗口的地址栏。

（1）在"计算机"窗口的导航窗格（左窗格）中选择"C:\用户"文件夹,在地址栏中单击

"用户"右边的箭头按钮,可以打开"用户"目录下的所有文件夹,选择一个文件夹,如"公用",即可打开"公用"文件夹。

（2）在地址栏空白处单击,箭头按钮会消失,路径会按传统的文字形式显示。

（3）在地址栏的右侧,还有一个向下的箭头按钮,单击该按钮,可以显示曾经访问的历史记录。

（4）利用窗口左上角的"返回"和"前进"按钮,可以在浏览记录中导航而无须关闭当前窗口。单击"返回"按钮,可以回到上一个浏览位置,单击"前进"按钮,可以重新进入之前所在的位置。

Step3：使用收藏夹。

选择"C:\用户"文件夹,在导航窗格的"收藏夹"上单击鼠标右键,在快捷菜单中选择"将当前位置添加到收藏夹"选项,或直接将文件夹拖到收藏夹下方的空白区域,"C:\用户"文件夹的快捷方式就会出现在收藏夹中。

Step4：使用库。

在"计算机"窗口的导航窗格中选择"库",单击鼠标右键,在快捷菜单中选择"新建"→"库"选项,并重命名新建库为 users。打开 users 快捷菜单,选择"属性"选项,打开"属性"对话框,单击"包含文件夹"按钮,选择"C:\用户"文件夹,可以将"C:\用户"文件夹添加到库的 users 中。

6. 任务栏设置

在任务栏空白处单击鼠标右键,在快捷菜单中选择"属性"选项。

Step1：设置任务栏的自动隐藏功能。

在"任务栏和开始菜单属性"对话框中勾选"自动隐藏任务栏"复选框,然后单击"应用"或"确定"按钮,当鼠标离开任务栏时,任务栏会自动隐藏。

Step2：移动任务栏。

在"任务栏和开始菜单属性"对话框中,设置"屏幕上的任务栏位置"为"顶部",将任务栏移动至桌面顶部。

Step3：改变任务栏按钮显示方式。

默认情况下,任务栏按钮为"始终合并、隐藏标签"状态,改变任务栏按钮显示方式为"从不合并",此时任务栏发生改变。

Step4：在通知区域显示 U 盘图标。

当计算机外接了移动设备,如 U 盘,默认情况下,U 盘的图标处于隐藏状态。在"任务栏和开始菜单属性"对话框上单击"自定义"按钮,在窗口中设置"Windows 资源管理器"项为"显示图标和通知"状态,U 盘图标就会显示在通知区域。

Step5：在任务栏上显示"地址"工具栏。

在任务栏的任意空白处单击鼠标右键,勾选"工具栏"→"地址"选项,地址栏即出现在任务栏中。

Step6：将程序锁定到任务栏。

运行 Word 程序,任务栏上会显示一个 Word 图标,关闭文档后任务栏上的图标将消失。右击任务栏上的 Word 图标,在快捷菜单中选择"将此程序锁定到任务栏"选项即可将 Word 程序锁定到任务栏。当关闭 Word 程序后,任务栏上仍然显示 Word 图标,单击该图标就可以打开 Word 程序。

7. 创建桌面快捷方式

在桌面上创建一个指向画图程序(mspaint.exe)的快捷方式。

方法一:右击桌面空白处,在桌面快捷菜单中选择"新建"→"快捷方式"选项,打开"创建快捷方式"对话框,在"请键入对象的位置"文本框中,输入 mspaint.exe 文件的路径"C:\Windows\system32\mspaint.exe"(或通过"浏览"选择),单击"下一步"按钮,在"键入该快捷方式的名称"文本框中,输入"画图",再单击"完成"即可。

方法二:在资源管理器窗口中选定"C:\windows\system32\mspaint.exe",使用鼠标右键拖动该文件至"桌面",在释放鼠标右键的同时弹出一个快捷菜单,从中选择"在当前位置创建快捷方式"选项;用鼠标右键单击所建快捷方式图标,选择"重命名"选项,将快捷方式名称改为"画图"。

8. 创建桌面小工具

在桌面右键快捷菜单中选择"小工具"选项,出现桌面小工具窗口,选择"日历",双击、拖曳或在右键菜单中选择"添加"选项,就可以将该项添加到桌面。

9. "开始"菜单的使用

Step1:程序列表的使用。

打开"开始"菜单的"所有程序"列表,找到"桌面小工具"库,单击运行一次。再次打开"开始"菜单,"桌面小工具"库已经出现在程序列表中。

(1) 锁定程序项。在程序列表中选择"桌面小工具库",单击鼠标右键,在快捷菜单中选择"附到[开始]菜单"选项即可将"桌面小工具库"程序项锁定到"开始"菜单上端的固定程序列表项中。

(2) 解锁程序项。在锁定的"桌面小工具库"程序列表项的快捷菜单中选择"从[开始]菜单解锁"选项,即可解锁该程序项,返回程序列表下端显示。

Step2:跳转列表的使用。

用记事本程序创建 3 个文本文件,分别命名为 t1.txt、t2.txt、t3.txt,打开"开始"菜单,"记事本"程序显示在"开始"菜单的程序列表中,将鼠标定位在菜单项"记事本"右边的黑色箭头上,出现跳转列表。

(1) 通过跳转列表打开文档。选择跳转列表中 t3.txt 项,即可打开 t3.txt 文档。

(2) 将程序锁定到跳转列表。在跳转列表中将鼠标停留在 t3.txt 项上,其右侧会出现一个锁定图标,单击该图标,即可将项目锁定到跳转列表。或者从右键快捷菜单中选择"锁定到此列表"选项,也可以实现此操作。

(3) 将程序从跳转列表解锁。跳转列表中锁定了 t3.txt,将光标停留在 t3.txt 项上,单击该项右边的解锁图标,或在快捷菜单中选择"从此列表解锁"选项,t3.txt 项回到"最近"列表中。

(4) 删除跳转列表项。在跳转列表中的 t1.txt 项上单击鼠标右键,选择快捷菜单中的

"从列表中删除"选项，即可将 t1.txt 项从跳转列表中删除。

Step3：利用"搜索"框搜索。

在"开始"菜单下方搜索框中输入"记事本"，然后按 Enter 键，搜索结果显示在搜索框上方，其中包含记事本程序和其他包含"记事本"的文档，选中"记事本"程序并按 Enter 键，即可打开记事本程序。

实验 4 　Word 2010 文字处理

实验 4.1 　Word 文档的基本操作

 实验目的

- 掌握 Word 2010 文档的建立和保存方法；
- 掌握 Word 2010 文档的基本编辑方法；
- 掌握 Word 2010 文档的文本和段落格式设置；
- 熟悉 Word 2010 文档的页面设置。

 实验内容

启动 Microsoft Word 2010 程序，然后完成以下操作。

1. 录入文字

在新建文档中输入图 4-1 所示文本并保存。

赤壁怀古

苏轼

大江东去，浪淘尽，千古风流人物。故垒西边，人道是，三国周郎赤壁。乱石崩云，惊涛拍岸，卷起千堆雪。江山如画，一时多少豪杰！遥想公瑾当年，小乔初嫁了，雄姿英发，羽扇纶巾，谈笑间，樯橹灰飞烟灭。故国神游，多情应笑我，早生华发。人间如梦，一樽还酹江月。

图 4-1　样本

2. 修饰文字

(1) 在"字体"对话框，将第一段的格式设置为华文新魏、二号字，再加上水绿色双波浪下划线；第二段为宋体、四号、粗斜体；第三段为仿宋、小三。

(2) 使用"查找和替换"命令，将文章中所有的"人"字颜色设置为红色、加粗。

（3）设置字符间距：把第一段的字符间距加宽为 3 磅。

3. 修饰段落

（1）设置段落对齐方式：第一、二段为居中，第三段为两端对齐。

（2）设置段落缩进：第三段首行缩进两个字符，左缩进 4 个字符，右缩进 1.8cm。

（3）设置段间距：第一段为段前 30 磅，第二段为段前段后各 6 磅，第三段为段前 12 磅。

（4）为第三段加上水绿色带阴影的边框，边框线为 1.5 磅宽的实线。

（5）为第三段加上水绿色的底纹。

（6）从"遥想公瑾当年"起把第三大段分成两个段落。

4. 页面设置

设置纸型为 A4，页边距为上、下各为 2cm，左、右各为 3cm。

 实验步骤

1. 建立新文档

Step1：准备工作环境。

启动 Word 2010 程序，即建立一个名为"文档 1"的空白文档，并选择"智能 ABC 输入法"（读者也可以选择自己常用的输入法）。

Step2：熟悉工作环境。

观察输入法工具栏，出现在 Word 2010 程序工作窗口中，如"智能 ABC 输入法"，参见图 4-2 的右下角信息。观察插入光标的默认位置，在文档的起始位置处，光标显示为一条不断闪烁的竖线。

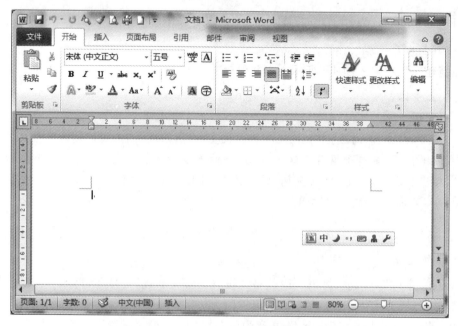

图 4-2　Word 2010 程序工作窗口

Step3：文字输入练习。

输入图 4-1 的文字内容。

输入说明：在输入文本过程中，所输入的字符总是位于光标所在的位置，光标随着字符的输入不断右移，当光标移动到文档右边界时会自动移动到下一行的左边界位置。用 Back Space 键可删除插入符前面的一个字符，用 Delete 键可删除插入符后面的一个字符。

可用键盘操作选择输入法：使用 Ctrl＋Space 键打开或关闭中文输入法，使用 Ctrl＋Shift 键可在英文及各种输入法之间进行切换。

Step4：保存文档。

（1）选择"文件"选项卡的"另存为"选项，打开"另存为"对话框，将文档以"实验 4.1. docx"为文件名保存。参见图 4-3 设置文件保存信息。

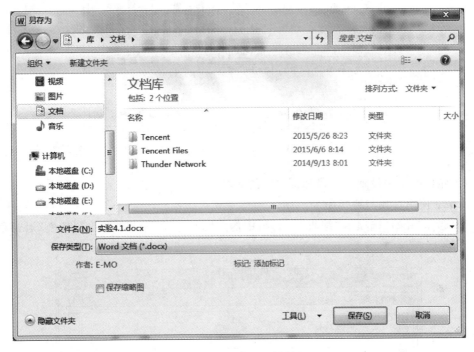

图 4-3　"另存为"对话框

（2）单击"保存"按钮，完成新文档的保存操作。

2. 修饰文字

Step1：设置字符格式。

（1）选择第一段文本。

（2）单击"开始"选项卡"字体"工具组中右下角的 按钮，打开如图 4-4 所示的"字体"对话框，打开"字体"选项卡。

（3）在"中文字体"下拉列表中选择"华文新魏"，在"字号"下拉列表选择"二号"，在"下划线线型"下拉列表中选择"双波浪线"，在"下划线颜色"下拉列表中选择"水绿色"。

（4）打开"高级"选项卡，在"间距"下拉列表中选择"加宽"，并输入度量值"3 磅"。

（5）单击"确定"按钮。

图 4-4　"字体"对话框

（6）同样的方法设置第二段和第三段的文本格式。

Step2：使用查找与替换命令。

（1）选择"开始"选项卡"编辑"工具组中的"替换"选项，启动"查找和替换"对话框，如图 4-5 所示。

图 4-5　"查找和替换"常规对话框

（2）在"查找内容"文本框中输入"人"，在"替换为"文本框中也输入"人"。

（3）单击对话框中的"更多"按钮，打开如图 4-6 所示的对话框，此时"更多"按钮变成了"更少"按钮。

（4）在"搜索"下拉列表中选择"全部"。

（5）将插入点定位于"替换为"文本框中，在"格式"下拉按钮中选择"字体"选项，打开"替换字体"对话框。在"替换字体"对话框中将"字体颜色"设置为红色，"字形"设置为"加粗"，单击"确定"按钮。

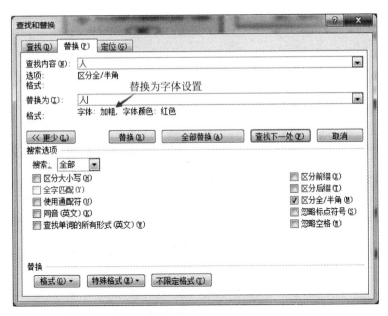

图 4-6 "查找和替换"高级对话框

（6）在"查找和替换"对话框中，单击"全部替换"按钮，这时，系统会打开一个信息提示对话框，提示用户完成了 3 处替换，如图 4-7 所示。单击信息提示框中的"确定"按钮。

图 4-7 替换信息提示对话框

（7）单击"查找与替换"对话框中的"关闭"按钮。

3. 设置段落格式。

Step1：设置段落对齐方式。第一、二段为居中，第三段为两端对齐。

（1）用鼠标指针选中第一和第二段文本。

（2）选择"开始"选项卡"段落"工具组中的"居中"选项，完成第一、二段对齐方式的设置。

（3）选中第三段，选择"开始"选项卡"段落"工具组中的"两端对齐"选项，完成第三段对齐方式的设置。

Step2：设置段落缩进。第三段首行缩进两个字符，左缩进 4 个字符，右缩进 1.8cm。

（1）选中第三段文本。

（2）单击"开始"选项卡"段落"工具组中右下角的扩展按钮，打开如图 4-8 所示的"段落"对话框，打开"缩进和间距"选项卡。

（3）在"特殊格式"下拉列表框中选择"首行缩进"，"磅值"为"2 字符"。在"缩进"选项区输入左缩进和右缩进的度量值。

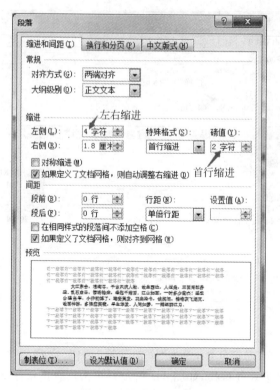

图 4-8 "段落"对话框

(4) 单击"确定"按钮。

Step3：设置段间距。

(1) 选择第一段文本。

(2) 打开刚才的"段落"对话框，在"间距"选项区设置"段前"30 磅并单击"确定"按钮。

(3) 同样对第二和第三段进行段间距的设置。

Step4：设置边框。

(1) 选择第三段文本。

(2) 选择"段落"工具组中"边框"旁边的箭头，在展开的下拉列表中选择"边框和底纹"选项，打开"边框和底纹"对话框，如图 4-9 所示。

(3) 在"设置"部分选择"阴影"，选择好相应的"样式"、"颜色"、"宽度"，在"应用于"下拉列表中选择"段落"。

(4) 单击"确定"按钮。

Step5：设置底纹。

(1) 选择第三段文本，打开"底纹"选项卡，如图 4-10 所示。

(2) 在"填充"选项区选择水绿色，"应用于"下拉列表中选择"段落"。

(3) 单击"确定"按钮。

Step6：段落拆分。

将插入点定位于"遥想公瑾当年"的"遥"字前，按 Enter 键，把第三大段分成两个段落。

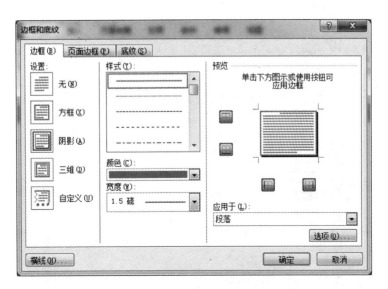

图 4-9 "边框和底纹"对话框

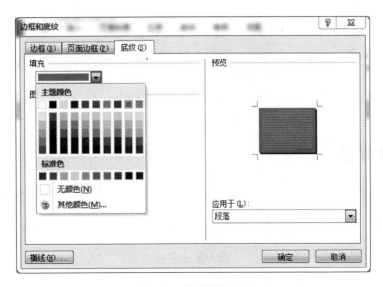

图 4-10 "底纹"选项卡

4. 页面设置

Step1：选择"页面布局"选项卡，单击"页面设置"工具组中"页边距"按钮，在展开的下拉列表中选择"自定义边距"选项，打开如图 4-11 所示的"页面设置"对话框。

Step2：打开"页边距"选项卡，设置上、下、左、右页边距分别为 2 厘米，2 厘米，3 厘米，3 厘米。

Step3：打开"纸张"选项卡，在"纸张大小"下拉列表中选择"A4"。

Step4：单击"确定"按钮，完成页面设置。

Step5：保存文档。

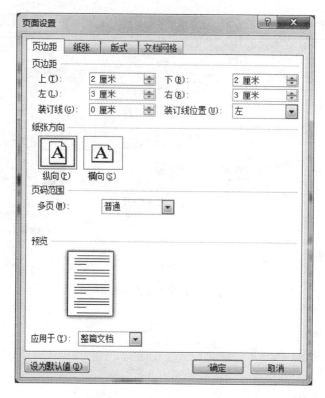

图 4-11 "页面设置"对话框

 完成样张

完成各项设置后文档如图 4-12 所示。

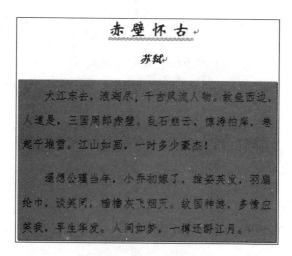

图 4-12 完成后的效果图

实验 4.2 制作与编辑表格

 **实验目的**

- 掌握在 Word 2010 文档中制作表格的方法；
- 熟练掌握对表格的编辑；
- 掌握设置表格格式的方法；
- 掌握 Word 2010 表格的简单计算。

实验内容

1. 创建个人简历表

在"桌面"创建一个"实验 4.2. docx"的 Word 2010 文档，文档中插入如图 4-17 所示的表格，然后完成以下内容。

（1）表格的列宽由内容确定，行高为 0.7 厘米。

（2）表格中文字格式为"五号"、"宋体"和"中部居中"。

2. 创建期末成绩统计表

（1）在"实验 4.2. docx"文档中插入第二张空白页面。

（2）输入表格标题内容并格式化。

在第一行输入"期末成绩统计表"，再将其设置为"华文行楷、四号、加粗、居中"。

（3）制作表格。

① 在文档中插入一个 8 行 6 列的表格。在表格中输入具体的科目名称、学生姓名和成绩。

② 在表格左上角单元格内，进行"绘制斜线表头"的设置：设置"字体大小"为"小五"、"行标题"为"学科"、"数据标题"为"成绩"、"列标题"为"姓名"。

③ 在表格的最后一列的右侧添加一新列，第一行输入"总成绩"，并设定该列的边框宽度为 1.5 磅。

（4）用公式计算各行的总成绩。

（5）将单元格对齐方式设置为"水平居中"。

 **实验步骤**

1. 在文档中创建个人简历表

特殊表格制作的常用办法是：先创建一个若干行若干列的规则表格，再对单元格进行合并或拆分，并结合表格绘制来制作。创建个人简历表的操作如下：

Step1：鼠标指针指向要创建表格的位置。

Step2：创建规则表格。

（1）选择"插入"选项卡"表格"工具组，单击"表格"按钮，在下拉列表中选择"插入表格"选项，打开如图4-13所示的"插入表格"对话框。

（2）在对话框的"列数"文本框中输入7，在"行数"文本框中输入13。

（3）在"自动调整"操作选项区中选中"固定列宽"单选按钮。

（4）单击"确定"按钮，完成表格创建。

Step3：编辑表格。

（1）根据要求进行单元格的合并，合并的方法是：先选定要合并的单元格区域，然后在"布局"选项卡的"合并"工具组中单击"合并单元格"按钮。

图4-13 "插入表格"对话框

（2）适当调整列宽，调整的方法是：将指针对准要调整的列边框，当指针变形时单击并拖动鼠标到目标位置后释放。

Step4：输入文字。

（1）选定整个表格，设置字体为"宋体"，字号为"五号"。

（2）按照图4-17的提示，选中输入文字的单元格，按需要输入个人信息相关文字内容。

（3）选定整个表格并右击，在弹出的快捷菜单中选择"单元格对齐方式"中的"水平居中"选项。这样整个表格的制作已完成，即创建了一个图4-17所示的表格。

Step5：输入表格标题。

若表格在文档的上方没有空行以输入标题，可以进行如下操作：

（1）将插入点定位于单元格左上角。

（2）按下Enter键，即可在表格的上方留出一行空行。

（3）在空行中输入"个人简历"4个字，并设置字体格式为楷体、二号、加粗、居中。

2. 创建期末成绩统计表

Step1：新建页面。

（1）将光标定位于上一表格结束处，单击"页面布局"选项卡"页面设置"工具组中"分隔符"旁边的箭头，展开其下拉列表。

（2）在列表中选择"分页符"选项，另起一页空白页面。

Step2：创建表格标题。

（1）输入"期末成绩统计表"，并选中"期末成绩统计表"，在"开始"选项卡的"样式"列表框中选择"标题2"选项。

（2）选择"开始"选项卡的"字体"工具组。在"字体"下拉列表中选择"华文行楷"；在"字号"下拉列表中选择"四号"，单击"加粗"按钮。

（3）单击"段落"工具组中的"居中"按钮。

Step3：创建表格体。

（1）选择"插入"选项卡中的"表格"工具组，展开其下拉列表。

（2）在列表的"单元格选定区域"中拖动一个8行6列的表格，并单击鼠标。

Step4：输入文字。

（1）在表格中输入具体的科目名称、学生姓名和成绩。

（2）拖动第一行单元格水平线调整单元格行高。

（3）选择第一行第一列单元格，单击"插入"选项卡"插图"工具组中"形状"按钮，展开其下拉列表，选择列表中的"线条"选项，画出图4-14所示的斜线表头，并输入文本。

Step5：设置边框和底纹。

（1）选择表格的最右侧一列。

（2）单击"设计"选项卡"表格样式"工具组中"边框"按钮，在下拉列表中选择"边框和底纹"选项，打开"边框和底纹"对话框。

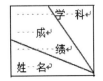

图4-14　斜线表头

（3）选择"边框"选项卡，在"设置"区域选择"全部"，在"宽度"列表框中选择"0.5磅"。

（4）单击"确定"按钮。

Step6：设置单元格对齐方式。

（1）选定所有的单元格。

（2）右击，选择"单元格对齐方式"级联菜单中的"水平居中"选项。

3．表格中的计算

Step1：求总分。

（1）将光标定位于要计算总成绩的单元格。

（2）选择"布局"选项卡"数据"工具组中的"公式"选项，打开"公式"对话框，如图4-15所示。

图4-15　"公式"对话框

（3）在"公式"文本框中输入"＝SUM(LEFT)"或者"＝B2＋C2＋D2＋E2＋F2"。

（4）单击"确定"按钮。同样的公式和操作求出其他人的总分。

Step2：求平均分。

（1）将光标定位于要求平均分的单元格中。

（2）在"公式"对话框中，在"粘贴函数"下拉列表中选择函数为AVERAGE。

（3）在"公式"文本框中输入"＝AVERAGE(B2:F2)"。

（4）在"编号格式"下拉列表中选择带两位小数的数字格式。

（5）单击"确定"按钮。同理计算其他人的平均分。

4. 表格中的排序操作

Step1：将光标定位于表格中。选择"布局"选项卡"数据"工具组中的"排序"选项，打开如图 4-16 所示的对话框。

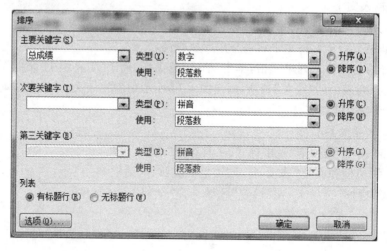

图 4-16 "排序"对话框

Step2：在"主要关键字"下拉列表中选择"总成绩"，"类型"为"数字"。

Step3：选择排序方式为"降序"，单击"确定"按钮。

 完成样张

（1）完成后的个人简历表如图 4-17 所示。

个人简历

姓　名		性　别		民　族		像片
籍　贯		出生年月		政治面貌		
身　高		学　历		身体状况		
住　址				邮政编码		
E-mail				联系电话		
计算机水平						
英语水平						
主要经历						
获奖情况						
自我评价						

图 4-17 个人简历格式

（2）完成后的期末成绩统计表如图 4-18 所示。

成绩　　学科　姓名	英语	高等数学	数字电路	C语言	体育	总成绩	平均分
李小芳	83	91	90	85	88	437	87.40
王小平	88	78	79	75	77	397	79.40
张一天	79	88	68	89	66	390	78.00
张洪浩	77	82	55	79	60	353	70.60
王小亚	68	63	69	66	68	334	66.80
王中明	77	46	66	78	68	437	67.00
周宇天	55	71	25	77	68	437	59.20

图 4-18　期末成绩统计表

实验 4.3　图 文 混 排

 实验目的

- 掌握分栏的方法；
- 掌握图片的插入与编辑方法；
- 掌握艺术字的插入与设置方法；
- 掌握文本框的使用方法；
- 掌握图形的绘制与编辑方法；
- 掌握页眉与页脚的设置方法。

 实验内容

在桌面建立一个名为"实验 4.3.docx"的 Word 2010 文档，然后完成以下内容。

（1）在文档中输入如图 4-19 所示内容。

（2）将文章标题"白杨礼赞"设置为艺术字，36 号，蓝色。

（3）插入文本框，并输入文字"茅盾"，格式为楷体、小四号字、粗斜体。

（4）正文格式为宋体、小四号字、行距 20 磅，段落首行缩进两个字符。

（5）将正文分为两栏，两栏间距相同，两栏等高。

（6）任选一幅剪贴画插入到文档中，设置图片环绕方式为"四周型"。

（7）插入自选图形，自选图形填充颜色、添加文字，并把自选图形放于左上角。

（8）在文档中插入页眉，输入文字"散文欣赏"。设置格式为华文新魏、五号字。

白杨礼赞

茅盾

白杨树实在不是平凡的,我赞美白杨树!

当汽车在望不到边际的高原上奔驰,扑入你的视野的,是黄绿错综的一条大毯子;黄的,那是土,未开垦的处女土,几百万年前由伟大的自然力所堆积成功的黄土高原的外壳;绿的呢,是人类劳力战胜自然的成果,是麦田,和风吹送,翻起了一轮一轮的绿波——这时你会真心佩服昔人所造的两个字"麦浪",若不是妙手偶得,便确是经过锤炼的语言的精华。黄与绿主宰着,无边无垠,坦荡如砥,这时如果不是宛若并肩的远山的连峰提醒了你(这些山峰凭你的肉眼来判断,就知道是在你脚底下的),你会忘记了汽车是在高原上行驶,这时你涌起来的感想也许是"雄壮",也许是"伟大",诸如此类的形容词,然而同时你的眼睛也许觉得有点倦怠,你对当前的"雄壮"或"伟大"闭了眼,而另一种味儿在你心头潜滋暗长了——"单调"! 可不是,单调,有一点儿罢?

图 4-19 输入的文本

实验步骤

1. 插入艺术字标题

Step1:在正文"黄与绿主宰着"之前处将正文分成两段。

Step2:将插入点定位于文档的开始处并按 Enter 键,以空出足够的空间插入艺术字和文本框。

Step3:选择"插入"选项卡,单击"文本"工具组中的"艺术字"按钮,在其下拉列表中选择第三行第四列的"渐变填充-蓝色,强调文字颜色"选项,打开如图 4-20 所示艺术字输入区域。

请在此放置您的文字

图 4-20 艺术字输入区域

Step4:输入"白杨礼赞",并对其字号进行设置。

Step5:选中刚输入的艺术字,打开"格式"选项卡。单击"艺术字样式"工具组中的"文字效果"按钮。打开其下拉列表,并在列表中选择"阴影"中的"内部"选项组中的"向右偏移"选项设置阴影。

Step6:单击"格式"工具栏的"居中"按钮。

Step7:选中整个艺术字,选中"格式"选项卡,然后在"排列"工具组单击"自动换行"按钮,并在其下拉列表中选择"嵌入型"选项。

Step8:定位于艺术字所在段落,选中"开始"选项卡,单击"段落"工具组中的"居中"按钮,使艺术字水平居中。

2. 插入文本框

Step1：将光标定位于要插入文本框位置，选择"插入"选项卡，单击"文本"工具组中的"文本框"按钮，在其下拉列表中选择"简单文本框"选项。文本框将被插入到相关位置。

Step2：在文本框内输入"茅盾"。

Step3：将文本框中的文字设置成楷体、小四号、粗斜体、居中，并调整文本框大小，使其刚好能容纳下文本。

Step4：选中文本框，将其"自动换行"设置为"嵌入型"。

Step5：单击文本框以外的地方，退出文本框。

3. 设置正文格式

Step1：选中正文，利用"开始"选项卡"字体"工具组中的工具，将文字设置为宋体、小四。

Step2：选择"段落"工具组中的"扩展"按钮，选择"段落"对话框，选择"缩进和间距"选项卡。在"特殊格式"下拉列表中选择"首行缩进"，"磅值"设置为 2 字符。在"行距"下拉列表中选择"固定值"，右侧的"设置值"文本框中输入 20 磅。

Step3：单击"确定"按钮。

4. 分栏

Step1：选择正文的第二、三段。

Step2：选择"页面布局"选项卡，在"页面设置"工具组中单击"分栏"按钮，并在其下拉列表中选择"两栏"选项，将两段文字分为两栏。

5. 插入图片

Step1：选中"插入"选项卡，单击"插图"工具组中"剪贴画"，打开"剪贴画"按钮任务窗格。

Step2：在"搜索文字"文本框中输入"植物"，单击"搜索"按钮。搜索结果如图 4-21 所示，双击其中一张图片，插入到文档中。

图 4-21 "剪贴画"任务窗格

Step3：右击图片，在弹出的快捷菜单中选择"自动换行"→"四周型环绕"选项。

Step4：拖动图片四角的控制点，适当调整图片的大小，并将图片移到合适的位置。

6. 插入自选图形

Step1：选中"插入"选项卡，单击"插图"工具组中"形状"按钮，展开如图 4-22 所示的下拉列表。

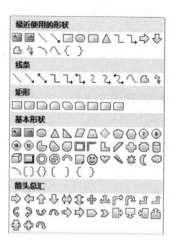

图 4-22 "形状"下拉列表

Step3：在"基本形状"中选择"太阳形"图形，当鼠标指针变成十字形状时，在插入点单击并拖动鼠标，自选图形被插入。

Step4：用同样的方法插入"星与旗帜"下的"五角星"图形。

Step5：双击"太阳"图形，在"格式"选项卡的"形状样式"工具组中"形状填充"的下拉列表中选择"红色"，将"太阳"图形填充为红色。用同样的方法选中"五角星"图形，设置填充色为黄色。

Step6：选中插入的自选图形，拖动图形的黄色菱形块，调整图片的形状，拖动图形的控制点，调整图形大小。

Step7：选中"五角星"图形，用复制/粘贴的方法复制三个"五角星"，排在太阳的右下边，如图 4-23 所示。

图 4-23 绘制的图形

Step8：按住 Shift 键，选中两个自选图形右击，在弹出的快捷菜单中选择"组合"→"组合"选项，将这两个自选图形组合在一起。

Step9：调整自选图形的大小及其在文档中的位置。

7. 插入页眉

Step1：选择"插入"选项卡，单击"页眉和页脚"工具组中的"页眉"按钮，在展开的下拉列表中选择"内置"中的"空白"选项。进入编辑页眉状态。

Step2：在光标的位置输入"散文欣赏"并设置好格式。

Step3：单击"页眉和页脚工具"选项卡的"关闭页眉和页脚"按钮。

Step4：保存文档。

 **完成样张**

文档排版完成后的效果如图 4-24 所示。

图 4-24　完成后的效果

实验 4.4　邮件合并

 实验目的

- 掌握邮件合并的方法；

- 熟悉邮件合并的步骤。

 **实验内容**

在桌面建立一个名为"邀请函.docx"的 Word 2010 文档,然后完成以下内容。

(1) 在文档中输入如图 4-25 所示内容。

编号:

邀 请 函

:

仰首是春,俯首成秋,我公司又迎来了它的第 10 个新年。在这一年中我公司与贵公司深入合作,取得了万元的贸易额,比上年增长了。我们深知在发展的道路上离不开贵公司的合作与支持,我们取得成绩中有您的辛勤工作。在我公司第 10 个新年来临之际,我们愿意与您一起分享对新年的喜悦与期盼。故在此诚恳邀请您参加我公司举办的新年酒会,与您共话友情、展望未来。如蒙应允,不胜欣喜。

入住酒店:

报到日期:

成都兴达商贸有限公司

二零一五年十二月十日

图 4-25　输入的文本

(2) 在 Excel 2010 中输入如图 4-26 所示内容并保存为"邀请函名单.xlsx"的电子表格文件。

	A	B	C	D	E	F	G	H
1	编号	姓名	性别	公司	贸易额（万元）	增加率	入住酒店	报到时间
2	2015145001	阮培明	男	北京天达贸易公司	898.05	4.88%	成都家园国际酒店	2015/12/31
3	2015145002	沈科羽	男	上海金桥商贸有限公司	111.89	7.62%	成都金茂君悦大酒店	2015/12/30
4	2015145003	谭俊杰	男	成都宏桥贸易公司	831.44	1.83%	成都家园国际酒店	2015/12/31
5	2015145004	唐琪	女	广州天通进出口贸易公司	200.37	9.95%	成都家园国际酒店	2015/12/31
6	2015145005	王君彦	女	广州四通贸易公司	980.67	5.18%	成都金茂君悦大酒店	2015/12/31
7	2015145006	文磊	男	武汉思泉商贸有限公司	134.08	3.86%	成都家园国际酒店	2015/12/31
8	2015145007	吴远超	男	北京四元进出口贸易公司	569.66	9.57%	成都金茂君悦大酒店	2015/12/30
9	2015145008	肖鸿舰	男	成都欧瑞商贸有限公司	520.34	8.95%	成都欧瑞商园酒店	2015/12/31
10	2015145009	谢敏莉	女	昆明金安达商贸有限公司	162.91	4.73%	成都金茂君悦大酒店	2015/12/31
11	2015145010	许利红	女	北京富蓝商贸有限公司	281.99	9.81%	成都金茂君悦大酒店	2015/12/30

图 4-26　输入的数据

(3) 利用邮件合并功能生成相应的邀请函,并保存为"实验 4.4.docx"。

实验步骤

1. 创建主文档

先创建一个名为"邀请函.docx"主文档,输入相关的文本内容,并设置其格式。

2. 建立数据源

将图 4-26 中的数据输入到 Excel 2010 中,并保存为"邀请函名单.xlsx"文件。

3. 邮件合并

Step1:打开主文档文件,单击"邮件"选项卡中"开始邮件合并"工具组的"开始邮件合并"按钮,打开其下拉列表选项,如图 4-27 所示。

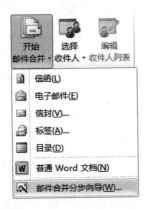

图 4-27 "开始邮件合并"下拉列表

Step2:选择图 4-27 中的"邮件合并分步向导"选项,打开如图 4-28 所示的"邮件合并"向导。

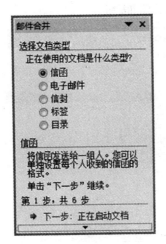

图 4-28 "新建样式"对话框

Step3：在"选择文档类型"向导页选中"信函"单选按钮，并单击"下一步"按钮。在"选择开始文档"向导中选择"使用当前文档"后单击"下一步"按钮，进入"选择收件人"向导，如图 4-29 所示。

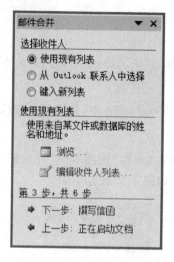

图 4-29　"选择收件人"向导

Step4：在向导中单击"浏览"按钮，在打开的"选择数据源"对话框中找到刚才建立的数据源文件。单击"打开"按钮后弹出"数据表格"对话框。

Step5：在对话框中选中"Sheet1 $ "表，并选中"数据首行包含列标题"复选框，单击"确定"按钮后弹出"邮件合并收件人"对话框。

Step6：在对话框选中全部学生成绩后单击"确定"按钮，回到如图 4-29 所示的"选择收件人"向导。单击"下一步"按钮进入"撰写信函"向导。

Step7：将光标定位于主文档"编号"之后，单击"撰写信函"向导中的"其他项目"按钮，打开图 4-30 所示的"插入合并域"对话框。双击"编号"域，将其插入到"编号"之后，此时"取消"按钮变为"关闭"按钮，单击"关闭"按钮。

图 4-30　"插入合并域"对话框

Step8：将光标定位到第一个"："前，重复刚才插入"编号"域的方法插入"姓名"域。同样的方法分别将"贸易额"、"增加率"、"入住酒店"、"报到时间"域插入到相应的位置。

Step9：将光标定位于"姓名"处，单击"邮件"选项卡"编写和插入域"工具组中"规则"按钮，展开"规则"下拉列表。在下拉列表中选择"如果…那么…否则…"选项，打开如图 4-31 所示的"插入 Word 域：IF"对话框，参照图中规则输入即可。

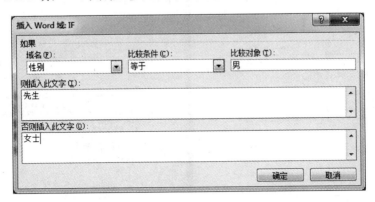

图 4-31　"插入 Word 域：IF"对话框

Step10：单击"确定"按钮，完成后如图 4-32 所示。

编号：《编号》

邀··请··函

《姓名》先生
　　仰首是春，俯首成秋，我公司又迎来了它的第 10 个新年。在这一年中我公司与贵公司深入合作，取得了《贸易额（万元）》万元的贸易额，比上年增长《增加率》了。我们深知在发展的道路上离不开贵公司的合作与支持，我们取得成绩中有您的辛勤工作。在我公司第 10 个新年来临之际，我们愿意与您一起分享对新年的喜悦与期盼。故在此诚恳邀请您参加我公司举办的新年酒会，与您共话友情、展望未来。如蒙应允，不胜欣喜。

入住酒店：《入住酒店》

报到日期：《报到时间》

成都兴达商贸有限公司

二零一五年十二月十日

图 4-32　插入"域"后的主文档

Step11：单击"下一步"进入"预览信函"向导，可以单击 《 或 》 按钮进行逐个浏览。

Step12：单击"下一步"完成合并，在向导中单击"编辑单个信函"按钮会弹出"合并到新文档"对话框，此处在对话框中选择"全部"，单击"确定"按钮，此时 Word 2010 会自动生成"信函 1"文档，将文档保存为"实验 4.4.docx"。

 完成样张

完成后的文档如图 4-33 所示。

44

图 4-33　邀请函最终文档

实验 4.5　Word 综合实训

 实验目的

- 巩固和熟练掌握 Word 2010 的基本操作；
- 巩固和熟练掌握目录与样式的使用；
- 巩固和熟练掌握长文档排版的方法。

 实验内容

打开"实验 4.5. docx"文件，完成以下操作内容。

（1）页面设置格式：设置上、下页边距为 2.5 厘米，左、右页边距为 3.0 厘米。纸张为 A4 纸张。

（2）设置标题文字"关于在线考试系统的研究"格式为：黑体二号，居中，段后 2 行。

（3）设置"摘要"、"关键词"所在段落的格式为：楷体，五号，左缩进 2 个字符。

（4）设置正文的格式：中文字体为宋体五号，西文字体为 Times New Roman 五号。首行缩进 2 个字符。

（5）设置文档中章节标题的格式。

① 一级标题的格式为：黑体小三，段前 1 行，段后 1 行，大纲级别为 1 级，左对齐。

② 二级标题的格式为：黑体四号，段前 0.5 行，段后 0.2 行，大纲级别为 2 级，左对齐。

③ 三级标题的格式为：黑体小四，段前 0.5 行，段后 0.2 行，大纲级别为 3 级，左对齐。

（6）在文档第一页的空白位置绘制图形，图形样式如"样张 1"中的"图 1"。

（7）给"C/S 模式"段落和"B/S 模式"段落加上编号。编号格式为带括号的数字。设置这两段的段落格式左缩进 0 字符，首行缩进 2 字符。

（8）分别在"C/S 模式"段落和"B/S 模式"段落后面空白行插入素材文件夹中的"图 2. jpg"和"图 3. jpg"，并设置图片居中对齐。

（9）分别在"C/S 模式"和"B/S 模式"后面加上脚注，脚注的编号格式为带圈的数字编号，脚注内容分别为"客户端与服务器模式"和"浏览器与服务器模式"。

（10）给文档中第二页的相应文字加上项目符号，项目符号的样式如图 4-41 所示。

（11）设置文档中三张图片的题注，题注标签为"图"。

（12）在文档的最前面插入一张空白页，并生成目录。

（13）设置页眉。页眉的内容为"关于在线考试系统的研究"，其中"目录"所在页面不设置页眉。

（14）设置页码。页码格式为位于"页面底端"的"颚化符"，其中"目录"所在的页面不设置页码。

（15）更新目录。

（16）完成后将文件保存。

 实验步骤

（1）选择"页面布局"选项卡，单击"页面设置"对话框启动器，在弹出的"页面设置"对话框中按要求设置页边距和纸张大小。

（2）选择标题文字"关于在线考试系统的研究"，执行以下操作。

Step1：在"开始"选项卡的"字体"工具组中设置字体为"黑体"，字号为"小三"。

Step2：单击"段落"对话框启动器，在弹出的"段落"对话框中设置"对齐方式"为"居中"，段后 2 行。

（3）选择第一段和第二段，在"开始"选项卡的"字体"工具组中设置字体为"楷体"，字号为"五号"。在"段落"对话框中设置左缩进 2 字符。

（4）将后面的段落全部选中，单击"开始"选项卡"字体"对话框，在弹出的"字体"对话框中设置中文字体为"宋体"，西文字体为 Times New Roman，字号为五号。然后在"段落"对话框的"特殊格式"下拉列表中选择"首行缩进"，"磅值"设置为 2 字符。字体设置如图 4-34 所示。

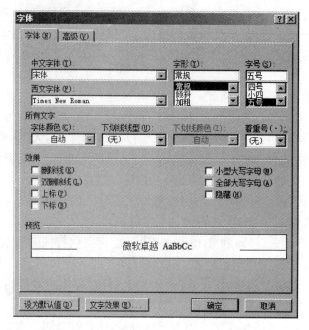

图 4-34 正文字体设置

（5）由于文章中有多个一级标题和二级标题，如果直接设置格式或者使用格式刷来设置会比较烦琐，所以在这里我们使用样式来设置。

Step1：单击"开始"选项卡上的"样式"对话框启动器，打开"样式"窗格，然后单击"新建样式"按钮，在弹出的对话框上设置一级标题的格式为黑体小三、段前1行、段后1行、大纲级别为1级、左对齐，如图4-35所示。

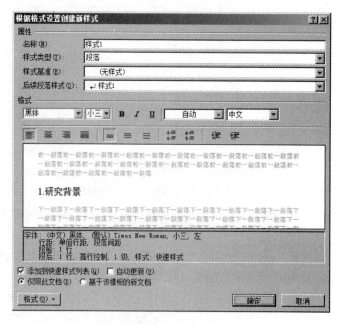

图 4-35 创建样式 1

Step2：以相同的方法新建"样式 2"和"样式 3"，分别为二级标题和三级标题的格式。

Step3：将光标分别定位在一级标题、二级标题和三级标题所在的段落，单击"样式"窗格中的"样式 1"、"样式 2"和"样式 3"即可完成一级标题、二级标题和三级标题格式的设置。

（6）单击"插入"选项卡"插图"工具组中的"形状"按钮，在弹出的下拉列表中选择"圆角矩形"。

Step1：在文档中第一页的空白位置按住鼠标左键并拖动，绘制一个圆角矩形。

Step2：选择圆角矩形，在"格式"选项卡的"形状样式"工具组中设置"形状填充"颜色为"无填充颜色"，"形状轮廓"为 0.25 磅的实线、轮廓颜色为"黑色，文字 1"。在"大小"工具组中设置图形的高度为 0.8 厘米，宽度为 5 厘米。

Step3：通过复制和粘贴命令完成另外两个圆角矩形的绘制，并将三个圆角矩形移动到相应的位置。

Step4：将三个圆角矩形同时选择，单击"格式"选项卡"排列"工具组中的"对齐"按钮，在弹出的下拉列表中选择"左右居中"选项，然后再次单击"格式"选项卡"排列"工具组中的"对齐"按钮，在弹出的下拉列表中选择"纵向分布"选项。

Step5：单击"插入"选项卡"插图"组中的"形状"按钮，在弹出的下拉列表中选择"下箭头"。在相应的位置绘制两个下箭头，并设置"下箭头"的"形状填充"颜色为"无填充颜色"，"形状轮廓"为 0.25 磅的实线、轮廓颜色为"黑色，文字 1"。

Step6：选择第一个圆角矩形，单击鼠标右键，在弹出的快捷菜单中选择"添加文字"选项，然后在图形内输入文字"在线报名"，并设置文字颜色为"黑色，文字 1"。以同样的方法设置第二个和第三个圆角矩形内的文字分别为"随机试卷"和"在线考试"。

Step7：将三个圆角矩形和两个下箭头同时选中，然后单击"格式"选项卡上"排列"工具组中的"组合"按钮，将五个图形组合。

Step8：将组合后的图形移动到相应的位置。

（7）将"C/S 模式"段落和"B/S 模式"段落同时选中。

Step1：单击"开始"选项卡上"段落"工具组中的"编号"下三角按钮，在下拉列表中选择带括号的编号样式。

Step2：单击"段落"对话框启动器，在"段落"对话框上设置左缩进 0 字符，首行缩进 2 字符。

（8）将光标定位在"C/S 模式"段落后面的空白行上。

Step1：单击"插入"选项卡"插图"工具组中的"图片"按钮，将"图 2.jpg"插入到文档中。

Step2：选择"图 2"，单击"开始"选项卡上"段落"工具组中的"居中"按钮，设置图片居中对齐。

Step3：以相同的方法在文档中插入"图 3.jpg"并设置居中对齐。

（9）将光标定位在文字"C/S 模式"后面。

Step1：单击"引用"选项卡上"脚注"工具组中的"脚注和尾注"对话框启动器，在弹出的对话框上设置脚注位置为"页面底端"，设置页脚的编号格式为带圈的数字。

Step2：单击"插入"按钮，光标会自动定位到脚注的输入位置，然后输入脚注的内容"客

实验

4

户端与服务器模式"。

Step3：以相同的方法在文字"B/S模式"后面插入脚注，脚注的内容为"浏览器与服务器模式"。脚注格式设置如图4-36所示。

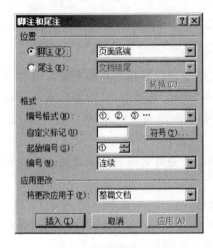

图4-36　脚注的格式设置

（10）将需要设置的文字选中，然后单击"开始"选项卡上"段落"工具组中的"项目符号"下三角按钮，在下拉列表中选择"小黑点"的项目符号样式。

（11）选择文档中的第一张图片。

Step1：单击鼠标右键，在快捷菜单中选择"插入题注"选项，在弹出的对话框上单击"新建标签"按钮，输入标签内容"图"，如图4-37所示。

图4-37　新建题注标签

Step2：单击"确定"后，输入"图1"的题注内容为"在线考试流程"，设置题注的位置为"所选项目下方"。再次单击"确定"按钮后，单击"开始"选项卡上"段落"工具组中的"居中"按钮，将题注居中对齐，如图4-38所示。

Step3：以相同的方法设置文档中"图2"、"图3"的题注。"图2"的题注内容为"C/S模式"，"图3"的题注内容为"B/S模式"。

（12）将光标定位到标题文字即"关于在线考试系统的研究"的前面。

Step1：单击"页面布局"选项卡上"页面设置"工具组中的"分隔符"按钮，在弹出的下拉

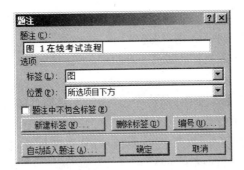

图 4-38　设置图 1 的题注

列表中选择"分节符"中的"下一页"选项,即可在文档的前面插入一张空白的页面。

　　Step2:将光标定位在空白页里的第一行上,单击"引用"选项卡上"目录"工具组中的"目录"按钮,在下拉列表中选择"自动目录 1"选项。由于在前面的操作中已经设置了各级标题的大纲级别,所有可以直接生成目录。

　　Step3:将光标定位在文字"目录"所在的段落,单击"开始"选项卡上"段落"工具组中的"居中"按钮,设置"目录"居中对齐。

　　(13) 将光标定位在文档中的第二页。

　　Step1:单击"插入"选项卡上"页眉和页脚"工具组中的"页眉"按钮,然后在下拉列表中选择"编辑页眉"选项。

　　Step2:单击"设计"选项卡上"导航"工具组中的"链接到前一条页眉"按钮,即可取消与上一页页眉的链接。

　　Step3:在页眉的位置输入文字"关于在线考试系统的研究",单击"关闭页眉和页脚"按钮。

　　(14) 将光标定位在文档中的第二页。

　　Step1:单击"插入"选项卡上"页眉和页脚"工具组中的"页码"按钮,然后在下拉列表中选择"设置页码格式"选项。

　　Step2:在弹出的对话框中选择"起始页码"单选按钮,并设置起始页码为 1。页码设置如图 4-39 所示。

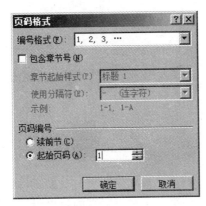

图 4-39　设置页码格式

Step3：单击"插入"选项卡上"页眉和页脚"工具组中的"页码"按钮，将鼠标指向"页面底端"，然后在级联菜单中选择"颚化符"选项。

Step4：单击"设计"选项卡上"导航"工具组中的"链接到前一条页眉"按钮，即可取消与上一页页脚的链接。

Step5：删除"目录"页面的页码，然后单击"关闭页眉和页脚"按钮。

（15）将光标定位在"目录"页面。

Step1：单击"引用"选项卡上"目录"工具组中的"更新目录"按钮。

Step2：在"更新目录"对话框中选择"只更新页码"选项，然后单击"确定"按钮即可完成目录的更新操作。

（16）单击"快速访问工具栏"中的"保存"按钮，将此文件存盘。

 **完成样张**

（1）样张1为完成排版后的目录页和第一页的效果图，如图4-40所示。

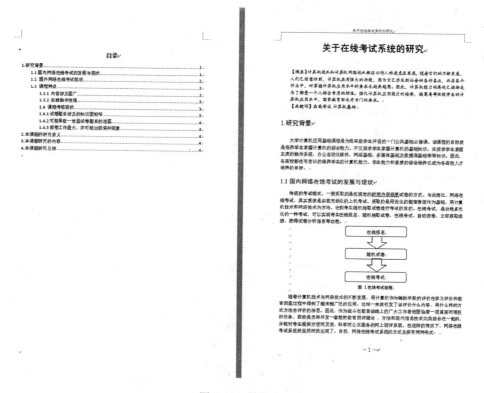

图 4-40　样张 1

（2）样张2为完成排版后的第二页和第三页的效果图，如图4-41所示。

（3）样张3为完成排版后的第四页和第五页的效果图，如图4-42所示。

图 4-41　样张 2

图 4-42　样张 3

51

实验 5　Excel 2010 电子表格

练习　Excel 工作表的操作与数据录入

练习要求

- 掌握 Excel 工作簿的启动和退出；
- 熟悉工作表的操作；
- 熟悉数据输入的方法。

练习内容

（1）启动 Excel 2010，在空白工作表 Sheet1 中输入如图 5-1 所示数据。

	A	B	C	D	E	F	G
1	2015年长发公司员工工资表						
2	工号	姓名	入厂日期	性别	职位	工资	
3	2001101	李明	2000-5-6	男	普通职员	1300	
4	2001102	张昌文	1995-6-8	男	高级职员	2600	
5	2001103	张梨花	1987-6-7	女	总经理	7000	
6	2001105	邓小波	2001-6-9	男	普通职员	1300	
7	2001106	王艾立	1990-8-9	男	部门经理	3500	
8	2001107	罗欣欣	1994-5-8	女	高级职员	2500	
9	2001108	蒋思雨	2002-6-3	女	普通职员	1600	
10							
11							

图 5-1　工作表操作与数据录入（数据图）

（2）重命名工作表 Sheet1 名称为"工资表"，删除工作表 Sheet2 和 Sheet3。

（3）选择 A1:F1 单元格区域，在"开始"选项卡的"对齐方式"工具组中单击"合并后居中"按钮。

（4）在第 6 行上方插入一行，输入数据"2001104、杨建凯、2000-7-9、男、普通职员、1200"。

（5）A1:F10 单元格内的数据水平居中。

（6）调整字段数据单元格适合列宽（自动调整行高列宽）。

（7）保存文件。文件名为"Excel 练习 1.xlsx"。

【样张】

完成后的效果如图 5-2 所示。

图 5-2　Excel 工作表的基本操作效果图

练习　Excel 格式设置与条件格式

 练习要求

- 掌握 Excel 工作表中单元格的格式设置；
- 熟悉 Excel 中条件格式的用法。

 **练习内容**

（1）启动 Excel 2010，在空白工作表 Sheet1 中输入如图 5-3 所示数据。

图 5-3　格式设置与条件格式（数据录入图）

Excel 2010 电子表格

（2）设置"A1:F1"单元格区域文字的格式。字体为华文楷体，字号为 12 磅。

（3）设置"A1:F9"单元格区域的边框，外框线为红色粗实线，内部边框为蓝色细线。

（4）设置"A2:E9"单元格区域的对齐方式为"水平对齐"和"垂直对齐"，并且都"居中"。

（5）设置"价格"字段里的数据为一位小数位数。

（6）设置"结账日期"字段的数字格式为"yyyy 年 m 月 dd 日"。

（7）销售数量大于 450 的字体显示为红色，使用条件格式设置。

【样张】

完成后的样张如图 5-4 所示。

编号	销售区域	商品名称	价格	销售数量	结账日期
1	市中区	睡袋	150.8	150	2014年5月9日
2	市南区	探照灯	80.5	500	2014年3月6日
3	市北区	登山鞋	360.0	100	2014年4月6日
4	市东区	帐篷	500.0	50	2014年3月8日
5	市中区	登山帽	230.0	250	2014年5月10日
6	市东区	探照灯	80.5	480	2014年3月6日
7	市北区	睡袋	150.8	130	2014年5月9日
8	市西区	登山鞋	360.0	140	2014年4月6日

图 5-4　格式设置与条件格式效果图

实验 5.1　Excel 工作表的基本操作

实验目的

- 掌握 Excel 工作薄的建立、保存与打开；
- 熟练掌握工作表中数据的输入方法；
- 熟练掌握工作表的常见操作；
- 掌握单元格行列的设置；
- 熟练掌握单元格的格式设置方法。

实验内容

新建一个 Excel 文件"实验 5.1.xlsx"，打开并完成以下操作。

（1）将"Data5.1.txt"里的数据复制到 C5 单元格，通过"分列工具"处理数据。

（2）调整单元格适合文字宽度。

（3）请参考完成图，在 B 列增加表头和序号。

（4）请在"B4:I4"区域单元格增加标题文字"销售记录"。设置其字体为隶书，字号为 20

磅,字体颜色为橙色,单元格高度为 40 磅。

（5）请填写"产品类别"的数据为"洗衣用品"。

（6）"日期"数据设置为"yyyy 年 m 月 dd 日"格式。

（7）"所属区域"数据中地区后面添加一个"市"。

（8）"金额"、"成本"数据单元格格式设置为货币符号：¥,保持两位小数。

（9）设置 B4:I23 区域单元格边框,外框设置为蓝色双边框线,内部边框设置为红色细实线。

（10）B5:I5 区域单元格底纹设置为绿色。

（11）设置表格的对齐方式为"水平对齐"与"垂直对齐",并且都居中。

（12）"成本"中大于 50000 的单元格以"浅红填充色深红色文本"突出显示。

 实验步骤

（1）打开 Data5.1.txt 文件。

Step1：在桌面上创建一个"实验 5.1.xlsx"文件并打开,把 Data5.1.txt 文件中的内容复制到 Sheet1 里的 C5 单元格。

Step2：选择 C5:C23 单元格区域,单击"数据"选项卡上"数据工具"工具组中的"分列"按钮,打开"文本分列向导"对话框。

Step3：在"文本分列向导"对话框中的"原始数据类型"区域选择"分隔符号"单选按钮,然后单击"下一步"按。

Step4：如图 5-5 所示,勾选"其他"复选框,在文本框中输入"，",然后单击"完成"按钮。注意文本里的数据分隔符号是中文标点符号逗号,不要选择英文"逗号"的复选框。

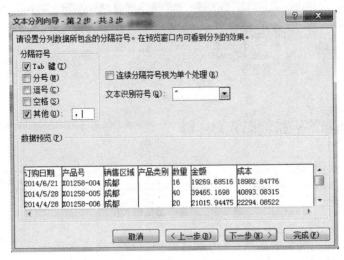

图 5-5　文本分列图

（2）单元格中出现"#"和一些单元格中内容未显示完全,可以调整适合文字列宽。选中列 C 到列 I,指到范围内任意的两列交叉线上双击鼠标左键,完成调整列宽。

Excel 2010 电子表格

（3）完成表头制作和序号的填充。

Step1：在 B5 单元格内输入"项目序号"。把光标定位到文字"项目"后，直接按 Alt＋Enter 键，把文字强行换成两行。

Step2：选中 B5，在"开始"选项卡的"单元格"工具组中单击"格式"按钮，在下拉列表中选择"设置单元格格式"选项。在打开的"设置单元格格式"对话框中切换至"边框"选项卡，在"边框"组中先选颜色为红色和所需斜线样式，单击"确定"按钮。

Step3：把光标定位到文字"项目"前面，按 Space 键把文字"项目"靠右移动到合适位置。

Step4：在 B6 单元格内输入数字"1"，把鼠标定位到单元格右下角的填充句柄上，按住 Ctrl 键，同时按鼠标左键不放往下拖动到 B23。

（4）选中 B4：I4 单元格区域，在"开始"选项卡上"对齐方式"工具组中单击"合并后居中"按钮，输入标题文字"销售记录"。

Step1：选中"销售记录"，在"开始"选项卡上"字体"工具组中的"字体"下拉列表里选择"隶书"，"字号"下拉列表选择 20 磅。

Step2：选中行 5，单击鼠标右键，在快捷菜单中选择"行高"选项，在打开的"行高"对话框中设置"行高"为 40 磅。

（5）在 F6 单元格内输入"洗衣用品"，定位到单元格填充句柄，双击，完成数据填充。

（6）选中 C6：C23 单元格区域，按 Ctrl＋1 快捷键，打开"设置单元格格式"对话框，切换至"数字"选项卡，选择"日期"选项，选择符合题目要求的格式，如图 5-6 所示。

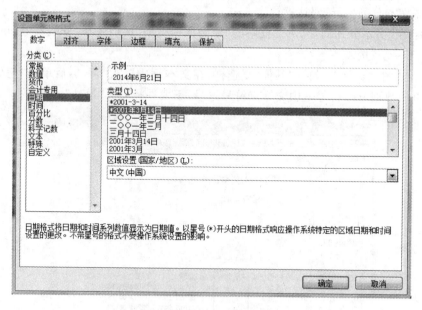

图 5-6　设置单元格格式图

（7）选中 E6：E23 单元格区域，单击鼠标右键，选择"设置单元格格式"选项，在弹出的对话框中单击"数字"选项卡，然后选择"自定义"选项，把"类型"文本框里的"G/通用格式"文字删除，输入"@市"，单击"确定"按钮完成。

（8）选中 H6：I23 单元格区域，单击"开始"选项卡上"数字"工具组中右下角的箭头按钮，弹出"设置单元格格式"对话框，切换到"数字"选项卡，选择"数值"选项，设置"小数位数"

为 2,勾选"使用千位分隔符"复选框。

（9）选中 B4:I23 单元格区域,打开"设置单元格格式"对话框,切换至"边框"选项卡,然后按如下步骤操作。

Step1：在"线条"栏的"样式"列表框中选择双实线。

Step2：在"线条"栏的"颜色"下拉表表中选择蓝色。

Step3：在"预置"栏中选择"外边框",也可以在"边框"栏预览外边框设置效果。

Step4：在"线条"栏的"样式"列表框中选择细实线。

Step5：在"线条"栏的"颜色"下拉列表中选择红色。

Step6：在"预置"栏中选择"内部",也可以在"边框"栏预览内部边框设置效果。

（10）选中 B5:I5 单元格区域,打开"设置单元格格式"对话框,切换至"填充"选项卡,选择标准色绿色,单击"确定"按钮完成设置。

（11）选中 B4:I23 单元格区域,打开"设置单元格格式"对话框,切换至"对齐"选项卡,在"水平对齐"和"垂直对齐"下拉列表中均选择"居中"。注意,在表头单元格里要选择"文本左对齐"。

（12）选中 I6:I23 单元格区域。

Step1：单击"开始"选项卡上"样式"工具组中的"条件格式"按钮,弹出下拉列表,选择"突出显示单元格规则"→"大于"选项,如图 5-7 所示。

图 5-7　"条件格式"按钮的下拉列表

Step2：在"大于"对话框中左侧文本框里输入"50000",在右侧的"设置为"下拉列表中选择"浅红填充色深红色文本"选项,单击"确定"按钮,如图 5-8 所示。

图 5-8　"大于"对话框

（13）单击"保存"按钮，将"实验 5.1.xlsx"文件存盘。

 **完成样张**

58

完成后的效果如图 5-9 所示。

序号	订购日期	产品号	销售区域	产品类别	数量	金额	成本
				销售记录			
1	2014年6月21日	X01258-004	成都市	洗衣用品	16	¥19,269.69	¥18,982.85
2	2014年5月28日	X01258-005	成都市	洗衣用品	40	¥39,465.17	¥40,893.08
3	2014年4月28日	X01258-006	成都市	洗衣用品	20	¥21,015.94	¥22,294.09
4	2014年7月31日	X01258-007	成都市	洗衣用品	20	¥23,710.26	¥24,318.37
5	2014年3月13日	X01258-008	成都市	洗衣用品	16	¥20,015.07	¥20,256.69
6	2014年2月16日	X01258-009	成都市	洗衣用品	200	¥40,014.12	¥43,537.56
7	2014年7月14日	X01258-010	成都市	洗衣用品	100	¥21,423.95	¥22,917.34
8	2014年10月19日	X01258-011	成都市	洗衣用品	200	¥40,014.12	¥44,258.36
9	2014年11月20日	X01258-012	成都市	洗衣用品	400	¥84,271.49	¥92,391.15
10	2014年4月21日	X01258-013	绵阳市	洗衣用品	212	¥48,705.66	¥51,700.03
11	2014年5月28日	X01258-014	绵阳市	洗衣用品	224	¥47,192.03	¥50,558.50
12	2014年7月28日	X01258-015	绵阳市	洗衣用品	92	¥21,136.42	¥22,115.23
13	2014年3月31日	X01258-016	绵阳市	洗衣用品	100	¥27,499.51	¥30,712.18
14	2014年4月13日	X01258-019	绵阳市	洗衣用品	140	¥29,993.53	¥32,726.66
15	2014年2月16日	X01258-001	绵阳市	洗衣用品	108	¥34,682.76	¥35,738.66
16	2014年5月14日	X01258-002	绵阳市	洗衣用品	72	¥12,492.96	¥11,098.92
17	2014年2月19日	X01258-001	绵阳市	洗衣用品	32	¥30,449.31	¥29,398.00
18	2014年5月20日	X01258-002	绵阳市	洗衣用品	12	¥12,125.30	¥11,641.51

图 5-9　Excel 工作表基本操作和单元格设置效果图

练习　单元格引用与函数

 **练习要求**

- 掌握 Excel 的相对引用和绝对引用；
- 掌握 SUM、AVERAGE、MAX、MIN、RANK 函数的使用。

 **练习内容**

（1）启动 Excel 程序，在 Sheet1 工作表中录入如图 5-10 所示的 B4:F11 单元格区域的数据。

（2）删除该工作簿中名为 Sheet2 和 Sheet3 的工作表。

（3）将 Sheet1 工作表名改为"成绩统计表"。

（4）将"成绩统计表"在当前工作簿中建一个副本，副本名为"成绩统计表副本"。

（5）在成绩统计表副本中，利用 SUM、AVERAGE、MAX、MIN、RANK 函数分别求出总分、平均分、最高分、最低分以及名次。

（6）为 B4:I15 单元格区域设置表格边框。

（7）设置表格的对齐方式为"水平对齐"和"垂直对齐"，并且都"居中"。

【样张】

完成后的效果如图 5-10 所示。

姓名	数学	语文	化学	物理	总分	平均分	名次
张中华	59	60	70	50	239	59.8	6
李小丽	60	64	77	55	256	64.0	5
郑爽	85	79	97	90	351	87.8	1
兰天	77	85	83	77	322	80.5	3
杨戬	43	49	54	65	211	52.8	7
杨开	56	71	49	83	259	64.8	4
王建	75	89	98	88	350	87.5	2
平均分	65.0	71.0	75.4	72.6			
最高分	85	89	98	90			
最低分	43	49	49	50			

图 5-10　单元格引用与函数练习题效果图

实验 5.2　Excel 数据处理和图表生成

 实验目的

- 掌握常用函数与 IF、COUNTIF 函数的使用；
- 熟练掌握图表的基本操作。

 实验内容

打开"实验 5.2.xlsx"工作簿。

（1）分别计算每位学生的总分、平均分和名次。如果学生总分超过 300 分，则"评语"为"优"，否则为"良"。

（2）分别计算单科平均分、单科最高分、单科最低分和单科不及格人数。

（3）根据学生数据创建每位学生四门课成绩的二维柱形图。

（4）所有数据水平和垂直方向居中。

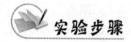

实验步骤

（1）计算总分、平均分和名次。

Step1：选中单元格 F3，在"公式"选项卡的"函数库"工具组中单击插入函数按钮 f_x，打开"插入函数"对话框，在"或选择类别"下拉列表中选择"常用函数"选项，在"选择函数"列表框中选择 SUM，然后单击"确定"按钮。

Step2：打开"函数参数"对话框，如图 5-11 所示，单击 Number1 列表框右侧的"拾取"按钮。

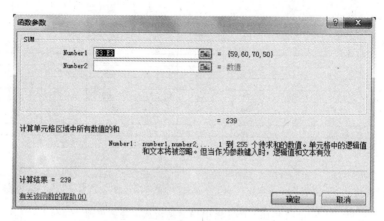

图 5-11　SUM"函数参数"对话框

Step3：拾取 B3:E3 区域，再次单击"拾取"按钮，返回"函数参数"对话框，单击"确定"按钮完成，拖动 F3 单元格右下角的填充句柄到 F9，计算出所有人的总分。

Step4：选取单元格 G3，与 SUM 函数打开方式一样，选择 AVERAGE 函数，拾取 B3:E3 区域，计算出学生平均分，单元格数值保留一位小数。

Step4：选中 H3 单元格，与 SUM 函数打开方式一样，选择 RANK 函数，打开"函数参数"对话框，在 Number 参数框中输入"F3"，在 Ref 参数框中输入"＄F＄3:＄F＄9"，在 Order 参数框中输入 0 或忽略（表示按总分降序排位），然后单击"确定"按钮，如图 5-12 所示，最后填充排名数据。

Step5：选中单元格 I3，单击插入函数按钮 f_x，打开"插入函数"对话框，在"或选择类别"下拉列表中选择"全部"选项，在"选择函数"列表框中选择 IF，然后单击"确定"按钮。

Step6：如图 5-13 所示，输入相应参数。

（2）计算单科平均分、单科最高分、单科最低分，单科不及格人数。

Step1：利用 AVERAGE 函数计算单科平均分，并分别置于 B10:E10 单元格区域的相应单元格中，单元格数值保持一位小数。

Step2：利用 MAX 函数计算单科最高分，并分别置于 B11:E11 单元格区域的相应单元格中。

Step3：利用 MIN 函数计算单科组及低粉，并分别置于 B12:E12 单元格区域的相应单

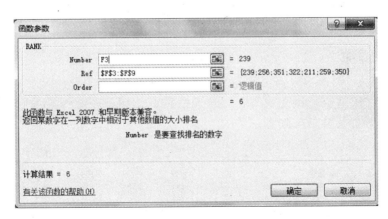

图 5-12　RANK 函数的"函数参数"对话框

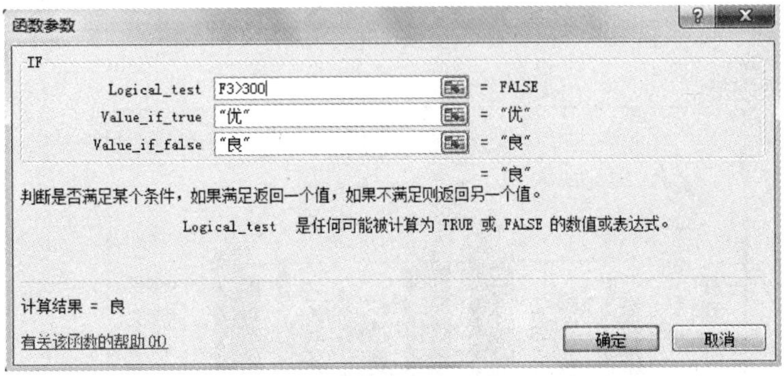

图 5-13　IF 函数"函数参数"对话框

元格中。

Step4：利用 COUNTIF 函数计算单科不及格人数，在"Range 参数"框内输入"B3：B9"，在"Criteria 参数"框内输入"＜60"，然后单击"确定"按钮。

（3）创建每位学生四门课成绩的二维柱形图。

Step1：选择表中可用数据，选择 A2：E9 区域单元格。

Step2：单击"插入"选项卡"图表"组中的"柱形图"按钮，在弹出的下拉列表中，选择"二维簇状柱形图"。

Step3：选中图表，切换至"图表工具-布局"选项卡。单击"标签"组中的"图表标题"按钮，在下拉列表中选择"图表上方"选项，然后在图表上方的文本框中输入"成绩分析图"，字体设置为"隶书"，字体颜色为红色。

Step4：单击"标签"组中的"坐标轴标题"按钮，分别设置横坐标轴的标题为"姓名"，纵坐标轴的标题为"分数"。

Step5：选中图表，切换至"图表工具-格式"选项卡，选择"形状轮廓"的样式为"彩色轮廓-橙色，强调色 6"。

（4）选择 A2：I13 区域，按 Ctrl＋1 键，打开"设置单元格格式"对话框，切换至"对齐"选项卡，在"水平对齐"和"垂直对齐"下拉列表中均选择"居中"。

（5）单击"保存"按钮，将"实验 5.2.xlsx"文件存盘。

完成后的效果如图 5-14 所示。

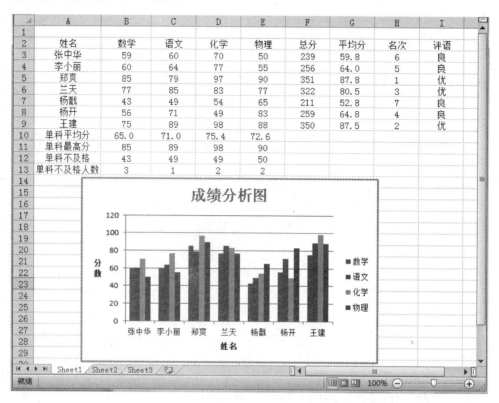

图 5-14　成绩分析表效果图

练习　Excel 数据分析

【练习目的】
- 熟练掌握数据表中的排序方法；
- 熟练掌握数据表中的数据筛选方法；
- 熟练掌握数据的分类汇总方法。

打开 Excel5-3-1.xlsx 工作簿，并完成以下操作。

(1) 在“排序”工作表中，按每位同学的数学成绩从高到低进行排序。如果数学成绩相同，则语文成绩高的显示在前面。

(2) 在“筛选”工作表中，筛选出一车间的发生额大于 8000 的数据。

(3) 在“分类汇总”工作表中，分别统计各区域的销售金额之和。

【样张】

(1)“排序”工作表完成后的效果如图 5-15 所示。

	A	B	C	D	E	F	G
1	姓名	数学	语文	英语	化学	体育	生物
2	刘戡	95.0	96.0	94.0	89.0	84.0	99.0
3	孔庙	95.0	89.0	98.0	90.0	84.0	91.0
4	田七	95.0	79.0	77.0	90.0	65.0	91.0
5	阮大	95.0	71.0	77.0	83.0	84.0	77.0
6	吴柳	86.0	88.0	67.0	56.0	99.0	48.9
7	郑准	86.0	79.0	98.0	90.0	99.0	91.0
8	李明	86.0	55.0	90.0	39.0	84.0	60.0
9	李节	86.0	47.0	54.0	85.0	84.0	71.0
10	蔡延	78.0	79.0	77.0	90.0	79.0	90.0
11	王启	77.0	98.0	94.0	45.0	84.0	85.0
12	张大民	77.0	79.0	77.0	90.0	83.0	91.0
13	王小二	60.0	64.0	77.0	90.0	71.0	64.0
14	张三	45.0	79.0	94.0	97.0	99.0	55.8
15	周颛	44.0	32.0	94.0	67.0	60.0	91.0

排序 / 筛选 / 分类汇总

图 5-15　排序效果图

(2)“筛选”工作表完成后的效果如图 5-16 所示。

	A	B	C	D	E	F
1	月	日	凭证号数	部门	科目划分	发生额
42	01	29	记-0020	一车间	抵税运费	31,330.77
166	03	27	记-0046	一车间	抵税运费	8,915.91
167	03	29	记-0057	一车间	其他	9,000.00
168	03	28	记-0055	一车间	设备使用费	14,097.66
287						

排序 / 筛选 / 分类汇总

就绪　在 285 条记录中找到 4 个　100%

图 5-16　筛选效果图

(3)“分类汇总”工作表完成后的效果如图 5-17 所示。

	A	B	C	D	E	F	G	H	I
1	订购日期	发票号	工单号	ERPCO号	所属区域	产品类别	数量	金额	成本
268					常熟 汇总			6,675,968.73	
408					昆山 汇总			3,633,383.98	
471					南京 汇总			1,227,918.83	
746					苏州 汇总			6,415,978.31	
1005					无锡 汇总			6,628,991.86	
1006					总计			24,582,241.70	
1007									

排序 / 筛选 / 分类汇总

就绪　100%

图 5-17　“分类汇总”效果图

实验 5.3 Excel 综合实训

64

实验目的

- 巩固和熟练掌握 Excel 2010 的基本操作；
- 巩固和熟练掌握函数及公式的应用；
- 巩固和熟练掌握分类汇总及筛选数据。

实验内容

打开"实验 5.3. xlsx",完成以下操作内容。

(1) 设置表格格式。

(2) 使用 SUM 函数计算"应发工资"。计算方法如下：

应发工资＝基本工资＋岗位津贴＋奖金－缺勤扣款－社保扣款

(3) 使用 IF 函数计算"纳税所得额"。计算方法如下：

应发工资＞3500,　纳税所得额＝应发工资－3500

应发工资≤3500,　纳税所得额＝0

(4) 计算"个人所得税",计算方法如下：

纳税所得额＜1500,　　　　　个人所得税＝纳税所得额×3％

1500≤纳税所得额＜4500,　　个人所得税＝纳税所得额×10％－105

纳税所得额≥4500,　　　　　个人所得税＝纳税所得额×20％－555

(5) 计算税后工资。计算方法如下：

税后工资＝应发工资－个人所得税

(6) 使用 MAX 函数计算最高税后工资。

(7) 使用 MIN 函数计算最低税后工资。

(8) 使用 COUNTIF 函数统计奖金高于 1000 的人数。

(9) 设置"缺勤扣款"大于 50 的数据显示为"浅红填充色深红色文本"格式。

(10) 使用分类汇总显示各部门的"应发工资"总额。

(11) 在"表3"里显示"税后工资"低于 4000 的男员工的信息和"税后工资"高于 5000 的女员工的信息。

实验步骤

(1) 在工作表"表 1"上选择区域 B2：N32。

Step1：在选中的区域右击,选择"设置单元格格式"选项。在弹出对话框中的"边框"选项卡中设置"外边框"为粗实线,"内部"边框为细实线。然后单击"对齐"选项卡,将"文本对齐方式"中的"水平对齐"和"垂直对齐"都设置为"居中"。

Step2:选择区域 B2:N2,单击"开始"选项卡,在"字体"工具组中设置字体为"方正姚体",设置填充颜色为"橙色"。

Step3:选择区域 P9:Q12,设置"外边框"为粗实线,"内部"边框为细实线,填充颜色为"浅绿色"。

Step4:选择区域 F3:N32,在"设置单元格格式"对话框中的"数字"选项卡中设置单元格的数字格式为"货币",保留两位小数。

(2)选择单元格 K3。

Step1:单击"编辑栏"上的"插入函数"按钮,在弹出的"插入函数"对话框中选择 SUM 函数,然后单击"确定"按钮。

Step2:在"函数参数"对话框中设置相应的参数,如图 5-18 所示。

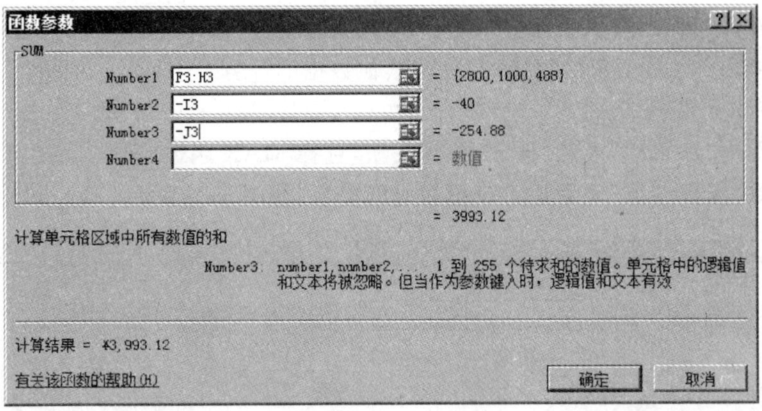

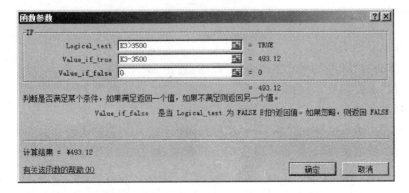

图 5-18　SUM 函数的参数

Step3:双击 K3 单元格右下角的填充柄,完成其他数据的计算。

(3)选择单元格 L3。

Step1:单击"编辑栏"上的"插入函数"按钮,选择 IF 函数。

Step2:在"函数参数"对话框中设置相应的参数,如图 5-19 所示。

图 5-19　IF 函数的参数

Excel 2010 电子表格

Step3：双击 L3 单元格右下角的填充柄，完成其他数据的计算。

（4）选择单元格 M3。

Step1：由于此题目涉及多个条件，所以需要使用多个 IF 函数。在编辑栏里直接输入函数会更加方便，如图 5-20 所示。

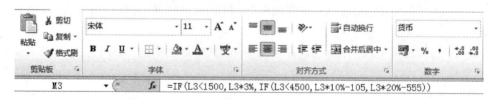

M3 f_x =IF(L3<1500,L3*3%,IF(L3<4500,L3*10%-105,L3*20%-555))

图 5-20 计算"个人所得税"

Step2：双击 M3 右下角的填充柄，完成其他数据的计算。

（5）选择单元格 N3。

Step1：在"编辑栏"输入公式"＝K3－M3"，然后单击"输入"按钮。

Step2：双击 N3 右下角的填充柄，完成其他数据的计算。

（6）选择单元格 Q10。

Step1：单击"编辑栏"上的"插入函数"按钮，选择 MAX 函数。

Step2：在"函数参数"对话框中设置相应的参数，如图 5-21 所示。

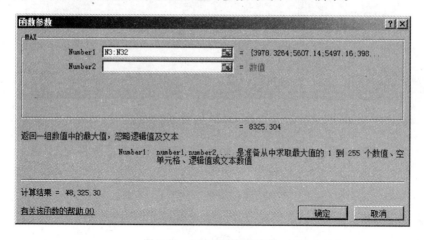

图 5-21 MAX 函数的参数

（7）选择单元格 Q11。

Step1：单击"编辑栏"上的"插入函数"按钮，选择 MIN 函数。

Step2：在"函数参数"对话框中设置相应的参数，如图 5-22 所示。

（8）选择单元格 Q12。

Step1：单击"编辑栏"上的"插入函数"按钮，选择 COUNTIF 函数。

Step2：在"函数参数"对话框中设置相应的参数，如图 5-23 所示。

（9）选择区域 I3:I32。

Step1：单击"开始"选项卡上"样式"工具组中的"条件格式"按钮，在弹出的下拉列表中选择"突出显示单元格规则"→"大于"选项。

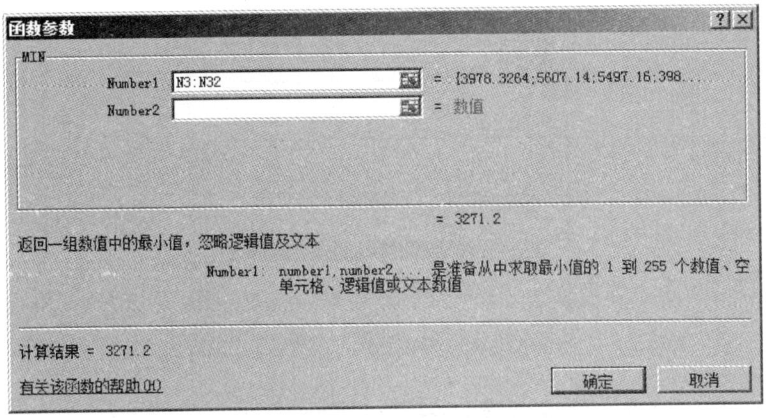

图 5-22　MIN 函数的参数

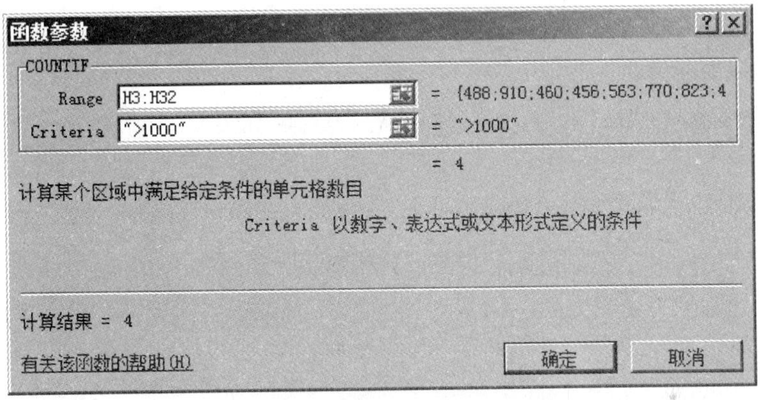

图 5-23　COUNTIF 函数的参数

Step2：在"大于"对话框中进行相应的设置，如图 5-24 所示。

图 5-24　条件格式设置

(10) 将"表 1"中 B2：N32 区域中的数据复制到"表 2"的 B2：N32 区域。

Step1：单击"开始"选项卡"单元格"工具组中的"格式"按钮，在弹出的下拉列表中选择"自动调整列宽"选项。

Step2：单击"数据"选项卡"排序和筛选"工具组中的"排序"按钮。以"部门"为主要关键字进行"升序"排列。

Step3：单击"数据"选项卡"分级显示"工具组中的"分类汇总"按钮，在弹出的"分类汇总"对话框中进行相应的设置，如图 5-25 所示。

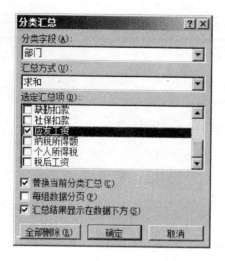

图 5-25　分类汇总设置

（11）选择"表 3"工作表。

Step1：在区域 Q9:R11 里输入高级筛选的条件区，如图 5-26 所示。

P	Q	R
	性别	税后工资
	男	<4000
	女	>5000

图 5-26　条件区域

Step2：单击"数据"选项卡上"排序和筛选"工具组中的"高级"按钮，在弹出的"高级筛选"对话框中进行相应的设置，如图 5-27 所示。

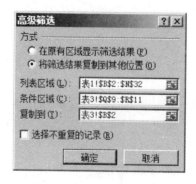

图 5-27　高级筛选

Step3：设置"自动调整列宽"。

（12）单击"保存"按钮，将"实验5.3.xlsx"文件存盘。

 **完成样张**

（1）样张1为"表1"的完成效果图，如图5-28所示。

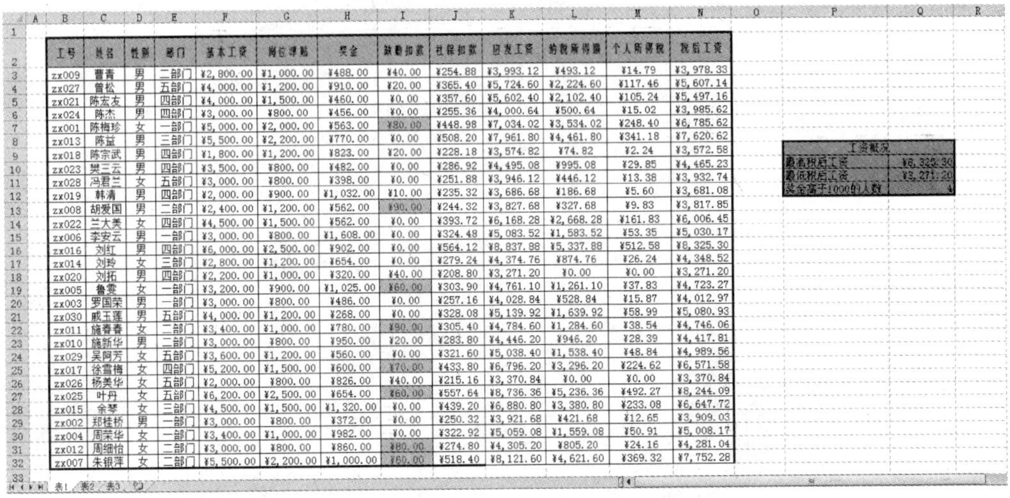

图 5-28　样张1

（2）样张2为"表2"的完成效果图，如图5-29所示。

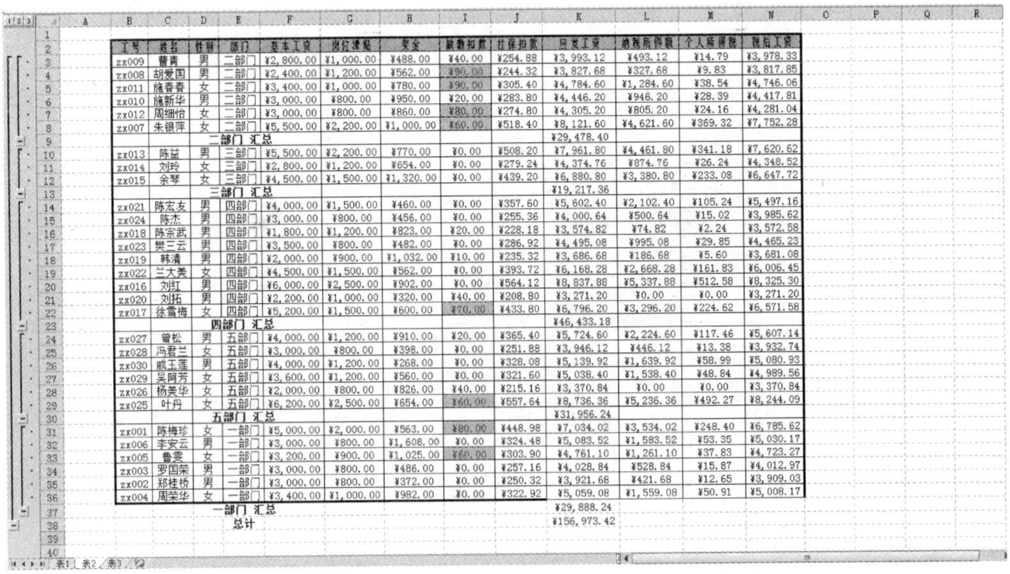

图 5-29　样张2

Excel 2010 电子表格

（3）样张 3 为"表 3"的完成效果图，如图 5-30 所示。

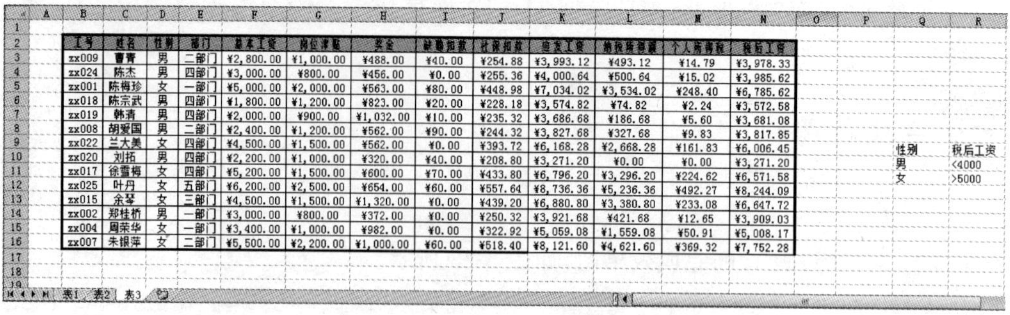

工号	姓名	性别	部门	基本工资	岗位津贴	奖金	缺勤扣款	计税扣款	应发工资	结税薪薪额	个人所得税	税后工资
zx009	曹青	男	二部门	¥2,800.00	¥1,000.00	¥488.00	¥40.00	¥254.88	¥3,993.12	¥493.12	¥14.79	¥3,978.33
zx024	陈杰	男	四部门	¥3,000.00	¥800.00	¥456.00	¥0.00	¥255.36	¥4,000.64	¥500.64	¥15.02	¥3,985.62
zx001	陈梅珍	女	一部门	¥5,000.00	¥2,000.00	¥563.00	¥80.00	¥448.98	¥7,034.02	¥3,534.02	¥248.40	¥6,785.62
zx018	陈宗武	男	四部门	¥1,800.00	¥1,200.00	¥823.00	¥20.00	¥228.18	¥3,574.82	¥74.82	¥2.24	¥3,572.58
zx019	韩青	男	四部门	¥2,000.00	¥900.00	¥1,032.00	¥10.00	¥235.32	¥3,686.68	¥186.68	¥5.60	¥3,681.08
zx008	胡爱国	男	二部门	¥2,400.00	¥1,200.00	¥562.00	¥90.00	¥244.32	¥3,827.68	¥327.68	¥9.83	¥3,817.85
zx022	兰大美	女	四部门	¥4,500.00	¥1,500.00	¥562.00	¥0.00	¥393.72	¥6,168.28	¥2,668.28	¥161.83	¥6,006.45
zx020	刘拓	男	四部门	¥2,200.00	¥1,500.00	¥320.00	¥40.00	¥208.80	¥3,271.20	¥0.00	¥0.00	¥3,271.20
zx017	徐雪梅	女	四部门	¥5,200.00	¥1,500.00	¥600.00	¥70.00	¥433.80	¥6,796.20	¥3,296.20	¥224.62	¥6,571.58
zx025	叶丹	女	五部门	¥6,200.00	¥2,500.00	¥654.00	¥0.00	¥557.64	¥8,736.36	¥5,236.36	¥492.27	¥8,244.09
zx015	余琴	女	三部门	¥4,500.00	¥1,500.00	¥1,320.00	¥0.00	¥439.20	¥6,880.80	¥3,380.80	¥233.08	¥6,647.72
zx002	郑桂桥	男	二部门	¥3,000.00	¥800.00	¥372.00	¥0.00	¥250.32	¥3,921.68	¥421.68	¥12.65	¥3,909.03
zx004	周荣华	女	一部门	¥3,400.00	¥1,000.00	¥982.00	¥0.00	¥322.92	¥5,059.08	¥1,559.08	¥50.91	¥5,008.17
zx007	朱银萍	女	二部门	¥6,500.00	¥2,200.00	¥1,000.00	¥60.00	¥518.40	¥8,121.60	¥4,621.60	¥369.32	¥7,752.28

性别	税后工资
男	<4000
女	>5000

表1 表2 表3

图 5-30 样张 3

PowerPoint 2010 演示文稿

练习　格式设置与母版

 练习要求

- 掌握幻灯片内文字、图片等格式的设置；
- 熟悉各种类型的母版；
- 掌握母版自定义版式的设计。

练习内容

（1）新建文件名为"母版.pptx"的 PowerPoint 2010 演示文稿，进入幻灯片母版视图。新建名为"自定义版式"的版式。

（2）删除"自定义版式"上的"标题"对象，插入一个"图片"占位符，设置其高度为 10 厘米，宽度为 8 厘米，位置为"自左上角"水平距离 14 厘米、垂直距离 4 厘米。

（3）插入一个"文本"占位符，设置其高度为 10 厘米，宽度为 11 厘米，位置为"自左上角"水平距离 2.5 厘米、垂直距离 4 厘米，字体为"楷体"。

（4）插入一个"横排文本框"，并输入文字"计算机基础"，设置字体为"华文琥珀"，字号为"20 磅"，字体颜色为"绿色"，位置为"自左上角"水平距离 18 厘米、垂直距离 1.8 厘米。

【样张】

完成后的样张如图 6-1 所示。

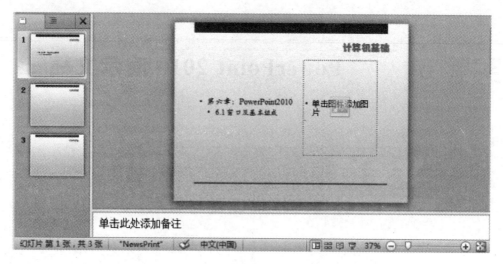

图 6-1　母版设置完成样张

实验 6.1　PowerPoint 的基本操作

 实验目的

- 掌握 PowerPoint 2010 的启动和退出的操作方法；
- 熟悉 PowerPoint 2010 的工作界面和基本操作；
- 掌握创建演示文稿的方法；
- 掌握演示文稿的基本编辑方法。

 实验内容

创建名为"童话九寨.pptx"的演示文稿。该演示文稿共 4 张幻灯片，完成后的效果如图 6-2～图 6-5 所示。

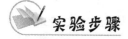 实验步骤

（1）创建演示文稿。启动 PowerPoint 2010 应用程序，系统自动创建一个名为"演示文稿 1"的演示文稿。

（2）创建标题幻灯片"童话世界九寨沟"。

Step1：在第一张幻灯片的标题占位符中输入"童话世界九寨沟"。

Step2：选中文字，在"开始"选项卡上的"字体"工具组中将字体设置成"华文琥珀"，字号为 96 磅。单击"开始"选项卡上"段落"工具组中的"居中"按钮，将对齐方式设置为"居中"。

（3）创建第二张幻灯片"简要介绍"。

Step1：单击"开始"选项卡上"幻灯片"工具组中的"新建幻灯片"按钮，在下拉列表的"Office 主题"中选择"标题和内容"版式。

Step2：在第二张幻灯片的标题占位符中输入"简要介绍"，字体设置为"华文行楷"，字号为 54 磅，字体颜色为"蓝色"。

Step3：在文本占位符中输入"文字素材.txt"中相应的文本，字体设置为"楷体"，字号为 28 磅。单击"开始"选项卡上"段落"工具组中的"段落"对话框启动器，打开"段落"对话框，"缩进"栏"特殊格式"选择"首行缩进"为"2 字符"，"行距"为"固定值"，"设置值"为"45 磅"，其他设置默认。

（4）创建第三张幻灯片"四季九寨"。方法同幻灯片 2。

（5）创建第四张幻灯片"四季风光欣赏"。

Step1：新建第四张幻灯片，方法同幻灯片 2。

Step2：在第四张幻灯片的标题占位符中输入"四季风光欣赏"，字体及格式设置同幻灯片 2。

Step3：文本占位符中单击"插入来自文件的图片"按钮 ，弹出"插入图片"对话框，选择图片"春.jpg"、"夏.jpg"、"秋.jpg"、"冬.jpg"。调整图片大小和位置，使其排列美观。

（6）单击"文件"选项卡上的"另存为"按钮，打开"另存为"对话框，在"文件名"文本框中输入"童话九寨"，单击"保存"按钮完成文件的保存。

 完成样张

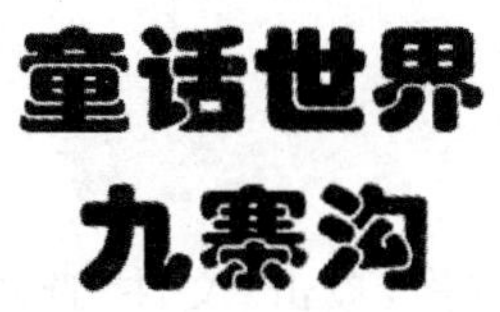

**童话世界
九寨沟**

简要介绍

　　九寨沟，因沟内有九个藏族寨子而得名。位于四川省阿坝藏族羌族自治州九寨沟县漳扎镇。1992 年，九寨沟正式列入《世界自然遗产名录》。"九寨归来不看水"，是对九寨沟景色真实的诠释。泉、瀑、河、滩108个海子，构成一个个五彩斑斓的瑶池玉盆，飞动与静谧结合，刚烈与温柔相济，能见度高达20米。

图 6-2　幻灯片一完成样张 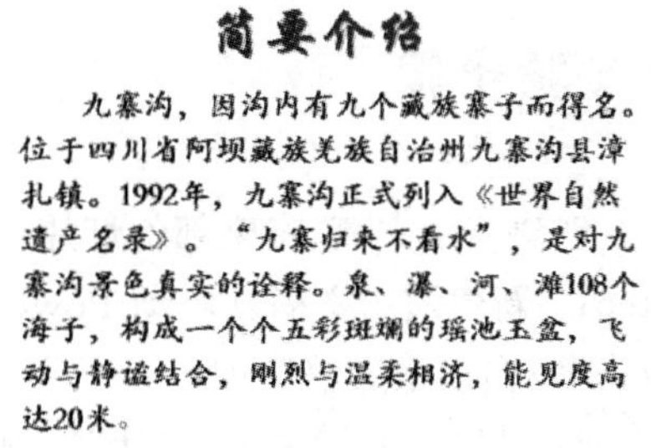　　　　图 6-3　幻灯片二完成样张

四季九寨

春：九寨沟冰雪消融、春水泛涨，山花烂漫，远山的白雪映衬着童话世界。

夏：九寨沟掩映在苍翠欲滴的浓阴之中，五色的海子，流水梳理着翠绿的树枝与水草。

秋：秋天是九寨沟最为灿烂的季节，五彩斑斓的红叶，彩林倒映在明丽的湖水中。

冬：冬日九寨沟变得尤为宁静。山峦与树林银装素裹，变幻着奇妙的冰纹。

四季风光欣赏

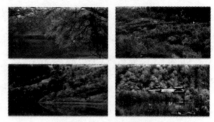

图 6-4　幻灯片三完成样张　　　　　　　图 6-5　幻灯片四完成样张

实验 6.2　动画设置与动作按钮

 实验目的

- 掌握动作效果的设置；
- 掌握动作按钮的创建和编辑；
- 掌握超链接的创建、编辑和删除；
- 掌握幻灯片切换的动画设置；
- 掌握幻灯片的各种放映方式；
- 熟悉幻灯片的打印与打包的基本方法。

 实验内容

创建名为"四川旅游.pptx"的演示文稿，该演示文稿共 11 张幻灯片，完成后的效果详见图 6-12～图 6-22 所示。

 实验步骤

（1）创建演示文稿，将全部幻灯片应用"基本"主题。

Step1：新建演示文稿。启动 PowerPoint 2010 应用程序，单击"文件"选项卡内的"新建"，双击"空白演示文稿"，创建一个演示文稿。

Step2：设置主题。单击"设计"选项卡，在"主题"工具组中选择"基本"主题。

（2）制作标题幻灯片。

Step1：输入内容。第一张幻灯片默认为"标题幻灯片版式"，在标题占位符输入"千年四川集聚人文精华，万秋天府汇合天地造化"，设置字体为"华文琥珀"，字号为 54 磅，字体颜色为"黑色"。副标题占位符输入"四川旅游",设置字体为"华文行楷",字号为 54 磅,字体颜色为"蓝色"。然后按图 6-12 调整文字位置。

Step2:设置动画。选中"千年四川集聚人文精华,万秋天府汇合天地造化",单击"动画"选项卡内的"高级动画"工具组的"添加动画"按钮,在弹出的列表中选择进入动画为"飞入"。如果在"最近使用的动画"里没有该效果,则可在"更多进入效果"中设置。单击"动画"选项卡内的"动画"工具组的"效果选项"按钮,设置飞入的方向为"自左上部"。在"计时"工具组中设置动画开始时间为"单击时",持续时间为 1 秒,如图 6-6 所示。

图 6-6 "效果"选项卡

选中"四川旅游",同样单击"添加动画"按钮,将进入动画设置为"缩放",开始时间为"单击时",持续时间为 1 秒。将强调动画设置为"字体颜色",开始时间为"上一动画之后",持续时间为 2 秒。

（3）制作第二张幻灯片。

Step1:创建幻灯片。单击"开始"选项卡上"幻灯片"工具组中的"新建幻灯片"按钮,在弹出的列表中选择"标题和内容"版式,插入第二张幻灯片。标题占位符输入"简要介绍",字体设置为"华文行楷",字号为 54 磅,字体颜色为"蓝色"。文本占位符输入"文字素材.txt"中"四川旅游简介"的文字内容,字体设置为"华文楷体",字号为 32 磅,字体颜色为"黑色","加粗"。段落设置为"首行缩进"2 字符,"段前"、"段后"均为 0 磅。"行距"为"固定值","设置值"为"45 磅"。

Step2:设置动画。"文字内容"的进入动画设置为"升起",开始时间为"单击时",持续时间为 1 秒。

Step3:插入声音。单击"插入"选项卡内的"媒体"工具组的"音频"下三角按钮,在打开的列表中选择"文件中的音频"选项,打开"插入音频"对话框。在该对话框中,选中素材文件夹中的"看山看水看四川.mp3"音频文件。单击"插入"按钮,完成音频插入操作。将音频"喇叭"图标移动到幻灯片右上角,双击该图标,打开音频工具条,将"调整"组"颜色"里的"重新着色"设为"橙色",完成图标颜色更改。

Step4:设置声音播放效果。单击"动画"选项卡内的"动画"工具组的对话框启动器,打开"播放音频"对话框,选择"效果"选项卡,将"停止播放"设置为"在 11 张幻灯片后"。选择"计时"选项卡,将"开始"设置为"与上一动画同时",如图 6-7 和图 6-8 所示。

Step5:幻灯片的切换。单击"切换"选项卡,设置"切换到此幻灯片"的效果为"推进"。

（4）制作第三张幻灯片。

Step1:创建幻灯片,插入图片。在"幻灯片"窗格中右击,选择"新建幻灯片"选项,创建第三张幻灯片。标题占位符输入"著名景点",字体设置同第二张幻灯片标题。单击"插入来自文件的图片"按钮，弹出"插入图片"对话框,选择图片"九寨沟首页.jpg"、"黄龙首页.jpg"、"青城山首页.jpg"、"峨眉山首页.jpg"。

Step2:设置图片格式。将 4 张图片大小设置为 5.5cm×10cm,图片排列成两行两列。

图 6-7 "效果"选项设置

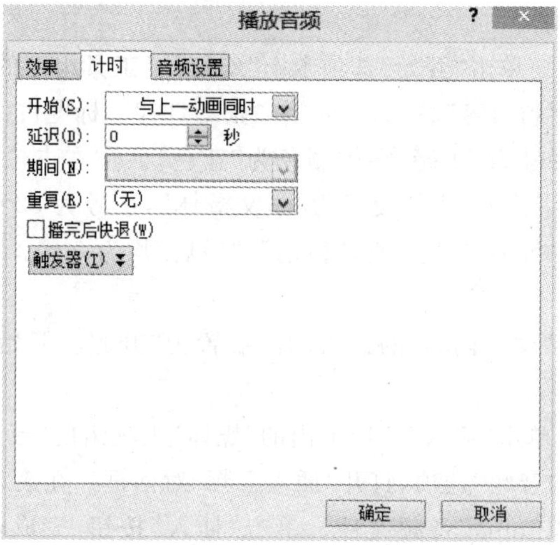

图 6-8 "计时"选项设置

双击图片打开"图片工具"栏,在"图片样式"工具组中选择"映像圆角矩形",为所有图片添加效果。

Step3:添加说明文字。在所有图片下方均插入"横排文本框",输入图片对应的景点名称,格式设置为"黑体"、"24 磅"、"黑色"、"居中"。

Step4:添加动画。为图片添加"圆形扩展"进入动画,为文字添加"弹跳"进入动画。调整动画顺序,使图片和文字依次进入。

Step5:设置超链接。选中"九寨沟"文字,单击"插入"选项卡上的"链接"工具组中的"超链接"按钮,在弹出的"插入超链接"对话框中选择"本文档中的位置"设置链接到"4.九寨沟",如图 6-9 所示,单击"确定"按钮完成超链接设置。

"黄龙"、"青城山"和"峨眉山"文字的超链接设置同"九寨沟",分别链接到"6.黄龙"、

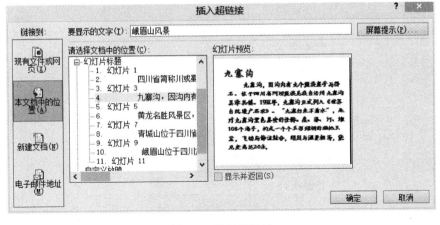

图 6-9　设置超链接

"8.青城山"和"10.峨眉山"。

（5）制作第四张幻灯片。

Step1：创建第四张幻灯片。创建方法同幻灯片 3。标题占位符输入"九寨沟"，文字格式设置同幻灯片 2 标题。文本占位符输入"九寨沟介绍"文字内容，字体和段落设置同幻灯片 2 文本内容。

Step2：设置动画。"文字内容"的进入动画设置为"圆形扩展"，其余保持默认设置。

Step3：幻灯片的切换。"幻灯片切换"效果设置为"时钟"。

（6）制作第五张幻灯片。

Step1：创建第五张幻灯片。创建方法同幻灯片 3。标题占位符输入"九寨风景"，文字格式设置同幻灯片 2 标题。文本占位符插入图片"九寨 1.jpg"、"九寨 2.jpg"、"九寨 3.jpg"。

Step2：设置图片格式。将图片调整合适大小和角度，为所有图片添加"旋转、白色"效果，然后放置到合适的位置。

Step3：设置动画。将图片的进入动画设置为"飞入"，其余保持默认设置，使图片依次进入。

Step4：添加动作按钮。单击"插入"选项卡上"插图"工具组中的"形状"按钮，选择"动作按钮"内的"自定义"，在幻灯片左下角绘制出矩形按钮。在弹出的"动作设置"对话框中，选择"超链接到"单选按钮，在下拉列表中选择"幻灯片"，在弹出的"超链接到幻灯片"对话框中选择"幻灯片 3"，然后单击"确定"按钮，完成动作按钮的超链接设置。设置过程如图 6-10和图 6-11 所示。

在按钮上单击鼠标右键，选择"编辑文字"选项，然后输入"首页"两字，格式设置为"华文行楷"、"32 磅"、"绿色"。

（7）制作第六张幻灯片。

Step1：创建第六张幻灯片。创建方法同幻灯片 3。标题占位符输入"黄龙"，文本占位符输入"黄龙介绍"文字内容。字体和段落格式设置同幻灯片 4。

Step2：设置动画。"文字内容"的进入动画设置为"菱形"，其余保持默认设置。

Step3：幻灯片的切换。"幻灯片切换"效果设置为"涟漪"。

图 6-10 "动作设置"对话框

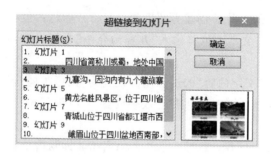

图 6-11 "超链接到幻灯片"对话框

（8）制作第七张幻灯片。

Step1：创建第七张幻灯片。创建方法同幻灯片 3。标题占位符输入"黄龙风景"，字体格式设置同幻灯片 5 标题。文本占位符插入图片"黄龙 1.jpg"、"黄龙 2.jpg"、"黄龙 3.jpg"。

Step2：设置图片格式。同幻灯片 5。

Step3：设置动画。将图片的进入动画设置为"轮子"，其余保持默认设置，使图片依次进入。

Step4：添加动作按钮。同幻灯片 5。

（9）制作第八张幻灯片。

Step1：创建第八张幻灯片。创建方法同幻灯片 3。标题占位符输入"青城山"，文本占位符输入"青城山介绍"文字内容。字体和段落格式设置同幻灯片 4。

Step2：设置动画。"文字内容"的进入动画设置为"盒状"，其余保持默认设置。

Step3：幻灯片的切换。"幻灯片切换"效果设置为"传送带"。

（10）制作第九张幻灯片。

Step1：创建第九张幻灯片。创建方法同幻灯片 3。标题占位符输入"青城山风景"，字体格式设置同幻灯片 5 标题。文本占位符插入图片"青城山 1.jpg"、"青城山 2.jpg"、"青城山 3.jpg"。

Step2：设置图片格式。同幻灯片5。

Step3：设置动画。将图片的进入动画设置为"弹跳"，其余保持默认设置，使图片依次进入。

Step4：添加动作按钮。同幻灯片5。

（11）制作第十张幻灯片。

Step1：创建第十张幻灯片。创建方法同幻灯片3。标题占位符输入"峨眉山"，文本占位符输入"峨眉山介绍"文字内容。字体和段落格式设置同幻灯片4。

Step2：设置动画。"文字内容"的进入动画设置为"十字形扩展"，其余保持默认设置。

Step3：幻灯片的切换。"幻灯片切换"效果设置为"轨道"。

（12）制作第十一张幻灯片。

Step1：创建第十一幻灯片。创建方法同幻灯片3。标题占位符输入"峨眉山风景"，字体格式设置同幻灯片5标题。文本占位符插入图片"峨眉山1.jpg"、"峨眉山2.jpg"、"峨眉山3.jpg"。

Step2：设置图片格式。同幻灯片5。

Step3：设置动画。将图片的进入动画设置为"翻转式由远及近"，其余保持默认设置，使图片依次进入。

Step4：添加动作按钮。同幻灯片5。

（13）演示文稿保存。选择"文件"选项卡内的"另存为"选项，打开"另存为"对话框，在"文件名"文本框中输入"四川旅游"，单击"保存"按钮，完成文件保存。

（14）播放幻灯片。切换到"幻灯片放映"选项卡，单击"开始放映幻灯片"工具组的"从头开始"按钮，播放幻灯片。

 完成样张

幻灯片完成样张如图6-12～图6-22所示。

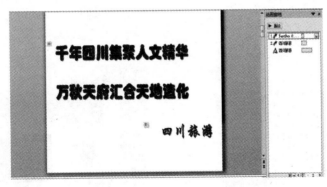

图6-12　幻灯片一完成样张图

图 6-13　幻灯片二完成样张图　　　　　　图 6-14　幻灯片三完成样张

图 6-15　幻灯片四完成样张　　　　　　图 6-16　幻灯片五完成样张

图 6-17　幻灯片六完成样张　　　　　　图 6-18　幻灯片七完成样张

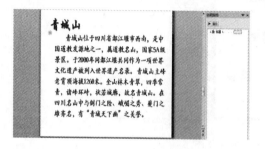

图 6-19　幻灯片八完成样张　　　　　　图 6-20　幻灯片九完成样张

图 6-21　幻灯片十完成样张　　　　　　图 6-22　幻灯片十一完成样张

实验 6.3　PowerPoint 综合实训

实验目的

- 巩固和熟练掌握 PowerPoint 2010 的基本操作；
- 巩固和熟练掌握母版的实际应用；
- 巩固和熟练掌握自定义动画设置。

实验内容

制作一个演示文稿，效果如"演示效果.exe"所示。

实验步骤

（1）在"桌面"上新建一个名为"实验 6.3.pptx"的 Microsoft PowerPoint 演示文稿并打开。

（2）设置自定义版式。

Step1：单击"视图"选项卡上"母版视图"工具组中的"幻灯片母版"按钮，进入"幻灯片母版视图"。

Step2：单击"幻灯片母版"选项卡上"编辑母版"工具组中的"插入版式"按钮，在当前母版上新增一张名为"自定义版式"的版式。

Step3：去掉勾选"母版版式"工具组中的"标题"和"页脚"复选框。

Step4：单击"背景"工具组中的"背景样式"按钮，选择"设置背景格式"选项，在弹出的对话框中选择"图片或纹理填充"单选按钮，然后单击"文件"按钮，选择图片"背景.jpg"。

Step5：单击"插入"选项卡上"图像"工具组中的"图片"按钮，选择插入图片"图片 1.jpg"。

Step6：在"图片1"上右击，选择"大小和位置"选项，在弹出的对话框中设置"图片1"的位置为"自左上角"水平距离0厘米、垂直距离16.3厘米，如图6-23所示。

图6-23　设置图片1的位置

Step7：插入图片"图片2.jpg"。选中"图片2"，单击"格式"选项卡，在"大小"工具组中设置"图片2"的"高度"为1厘米，"宽度"为25.4厘米，如图6-24所示。然后设置其位置为"自左上角"水平距离0厘米、垂直距离0厘米。

图6-24　设置图片2的大小

Step8：插入图片"图片3.jpg"，设置其位置为"自左上角"水平距离0厘米、垂直距离16厘米。

Step9：插入图片"图片4.jpg"，设置其"高度"为0.7厘米，"宽度"为0.7厘米，位置为"自左上角"水平距离0.2厘米、垂直距离0.1厘米。

Step10：单击"幻灯片母版"选项卡上"母版版式"工具组中的"插入占位符"按钮，在弹出的下拉列表中选择"文本"选项，然后在幻灯片上绘制一个"高度"为1.6厘米，"宽度"为20厘米的文本占位符，并设置其位置为"自左上角"水平距离0.3厘米、垂直距离3厘米。

Step11：选择"文本"占位符，在"开始"选项卡上"字体"工具组中设置字体为"微软雅黑"，字号为36磅。单击"段落"工具组中的"项目符号"按钮，取消项目符号。

Step12：插入一个"高度"为11厘米，"宽度"为15.6厘米的"图片"占位符，设置其位置为"自左上角"水平距离9.7厘米、垂直距离4.9厘米。选择"图片"占位符，单击"格式"选项卡,在"形状样式"工具组中设置其"形状轮廓"为2.25磅。

Step13:插入一个"高度"为1.3厘米,"宽度"为12.3厘米的"横排文本框",设置其位置为"自左上角"水平距离12.9厘米、垂直距离16.5厘米。然后在其中输入文字"LOW CARBON LIVING",并设置字体为Engravers MT,字号为24磅,字体颜色为"绿色"。

Step14:单击"幻灯片母版"选项卡上的"关闭母版视图"按钮,退出母版视图。完成后的版式如图6-25所示。

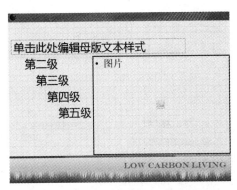

图6-25　自定义版式的效果

(3) 制作第一张幻灯片。

Step1:单击"开始"选项卡上"幻灯片"工具组中的"新建幻灯片"按钮,在弹出的下拉列表中选择"自定义版式"选项。

Step2:删除幻灯片上的"文本"占位符和图片占位符。

Step3:单击"插入"选项卡"插图"组中的"形状"按钮,在弹出的下拉列表中选择"椭圆"选项,然后按住Shift键,在幻灯片上绘制一个高度和宽度都为6.4厘米的正圆。

Step4:选择"正圆"图形,单击"格式"选项卡上"形状样式"组中的"形状填充"按钮,在弹出的下拉列表中选择"橙色"选项。然后再次单击"形状填充"按钮,在下拉列表中选择"渐变"中"深色变体"里的"线性对角-右上到左下"选项。

Step5:单击"形状轮廓"按钮,在弹出的下拉列表中选择"无轮廓"选项。

Step6:在"正圆"图形上右击,选择"编辑文字"选项,然后输入文字"碳排放",并设置文字字体为"宋体",字号为44磅。

Step7:以相同的方法制作另外两个"正圆"图形。第二个"正圆"图形的文字为"低碳方式",第三个"正圆"图形的文字为"低碳宣言"。然后将三个图形移动到相应的位置,如图6-26所示。

Step8:选择第一个"正圆"图形,单击"动画"选项卡上"高级动画"组中的"添加动画"按钮,在弹出的下拉列表中选择"更多进入效果"选项,然后选择"升起"动画。

Step9:单击"动画"组中的"效果选项"按钮,选择"作为一个对象"选项。

Step10:在"计时"组中设置开始方式为"单击时","持续时间"为2秒,"延迟"为0秒,如图6-27所示。

Step11:设置第二个"正圆"图形的进入动画为"浮动",开始方式为"上一动画之后","持续时间"为2秒,"延迟"为0秒。

图 6-26 第一张幻灯片

图 6-27 计时设置

Step12：添加第三个"正圆"图形的进入动画为"缩放"，在"效果选项"中设置"消失点"为"幻灯片中心"。然后设置动画开始方式为"上一动画之后"，"持续时间"为 2 秒，"延迟"为 0 秒。

（4）制作第二张幻灯片。

Step1：单击"开始"选项卡上"幻灯片"组中的"新建幻灯片"按钮，在弹出的下拉列表中选择"自定义版式"选项。

Step2：删除幻灯片上的"文本"占位符和图片占位符。

Step3：单击"插入"选项卡上"插图"组中的"图表"按钮，在弹出的对话框中选择"带数据标记的折线图"。

Step4：在"Microsoft PowerPoint 中的图表"文件里输入如图 6-28 所示的内容，然后关闭此文件。

	A	B	C	D	E	F
1	年份	碳排放（亿吨）				
2	2002	34				
3	2003	40				
4	2004	50				
5	2005	55				
6	2006	58				
7	2004	62				
8	2008	68				
9	2009	71				
10	2010	70				
11	2011	76				
12	2012	79				
13		若要调整图表数据区域的大小，请拖拽区域的右下角。				
14						

图 6-28 生成图表的数据

Step5：选择幻灯片中的图表，在"设计"选项卡上"图表布局"组中设置图表的布局样式为"布局3"。在"图表样式"组中选择图表的样式为"样式22"。单击"格式"选项卡，在"大小"组中设置图表的高度为13.6厘米，宽度为21.2厘米。

Step6：在"折线"上右击，选择"添加数据标签"选项。修改图表的标题为"中国碳排放情况"，将图表移动到幻灯片上相应的位置，如图6-29所示。

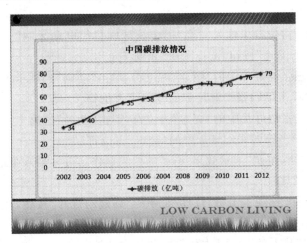

图 6-29　第二张幻灯片

Step7：选择图表，设置"图表"的进入动画为"擦除"。在"效果选项"中设置方向为"自底部"，序列为"按类别"。

（5）制作第三张幻灯片。

Step1：单击"开始"选项卡上"幻灯片"组中的"新建幻灯片"按钮，在弹出的下拉列表中选择"自定义版式"选项。

Step2：在"文本"占位符里输入文字"用传统的发条闹钟替代电子闹钟"。单击"图片"占位符中的"插入来自文件的图片"按钮，选择图片"闹钟.jpg"。完成效果如图6-30所示。

图 6-30　第三张幻灯片

Step3：设置"图片"占位符的进入动画为"翻转式由远及近"，开始方式为"单击时"，"持续时间"为 2 秒，"延迟"为 0 秒。设置"文本"占位符的进入动画为"浮入"，方向为"下浮"，开始方式为"上一动画之后"，"持续时间"为 2 秒，"延迟"为 0 秒。

（6）制作第四张幻灯片。

Step1：单击"开始"选项卡上"幻灯片"组中的"新建幻灯片"按钮，在弹出的下拉列表中选择"自定义版式"选项。

Step2：在"文本"占位符里输入文字"用传统牙刷替代电动牙刷"。单击"图片"占位符中的"插入来自文件的图片"按钮，选择图片"牙刷.jpg"。

Step3：选择第三张幻灯片中的"图片"占位符，单击"动画"选项卡上"高级动画"组中的"动画刷"按钮，然后单击第四张幻灯片中的"图片"占位符。

Step4：选择第三张幻灯片中的"文本"占位符，单击"动画"选项卡上"高级动画"组中的"动画刷"按钮，然后单击第四张幻灯片中的"文本"占位符。

（7）以相同的方法，按照"演示效果.exe"的要求制作第五～第八张幻灯片。

（8）制作第九张幻灯片。

Step1：单击"开始"选项卡上"幻灯片"组中的"新建幻灯片"按钮，在弹出的下拉列表中选择"自定义版式"选项。

Step2：删除幻灯片上的"文本"占位符和图片占位符。

Step3：插入图片"地球 1.jpg"，设置图片的位置为"自左上角"水平距离 0 厘米、垂直距离 1 厘米。

Step4：插入图片"地球 2.jpg"，设置其位置与图片"地球 1"相同。选择图片"地球 2"，设置其退出效果为"菱形"，开始方式为"上一动画之后"，"持续时间"为 2 秒，"延迟"为 0 秒。

Step5：插入图片"地球 3.jpg"，设置其位置与图片"地球 1"相同。选择图片"地球 3"，设置其退出效果为"菱形"，开始方式为"单击时"，"持续时间"为 2 秒，"延迟"为 0 秒。

Step6：单击"高级动画"组中的"动画窗格"按钮，在动画窗格中将"地球 3"的动画拖曳到"地球 2"的前面。

Step7：插入艺术字"保护地球—人人有责"和"低碳行为—从我做起"，艺术字样式为"填充-橄榄色，强调文字颜色 3，轮廓-文本 2"，字号为 54 磅。然后将艺术字移动到相应的位置。

Step8：分别设置艺术字"保护地球—人人有责"和"低碳行为—从我做起"的进入动画为"挥鞭式"，开始方式为"上一动画之后"，"持续时间"为 1 秒，"延迟"为 0 秒，如图 6-31所示。

（9）设置超链接。

Step1：选择第一张幻灯片中的第一个"正圆"图形，单击"插入"选项卡上"链接"组中的"超链接"按钮，在弹出的对话框中选择"本文档中的位置"单选按钮，然后选择"幻灯片 2"。

Step2：设置第二个"正圆"图形的"超链接"为"幻灯片 3"，第三个"正圆"图形的"超链接"为"幻灯片 9"。

（10）单击"快速访问工具栏"上的"保存"按钮，将此文件存盘。

图 6-31　第九张幻灯片

实验 7　计算机网络基础实验

 实验目的

- 掌握 IPv4 地址的结构；
- 掌握计算机 IPv4 地址的设置方法及步骤；
- 掌握局域网络的组建；
- 掌握共享的设置。

 实验内容

使用三台计算机组建一个局域网络并实现资源共享。

 实验步骤

（1）使用双绞线和交换机将三台计算机连接。

（2）打开 IP 地址配置对话框。

Step1：如图 7-1 所示，在桌面的"网络"图标上右击，选中快捷菜单中的"属性"选项。

Step2：在"网络和共享中心"窗口上单击"更改适配器设置"按钮。

Step3：在"网络连接"窗口的"本地连接"上右击，选择"属性"选项。打开"本地连接属性"对话框，如同 7-2 所示。

Step4：在"本地连接属性"对话框中选择"Internet 协议版本 4（TCP/IPv4）"选项，然后单击"属性"按钮，打开 IP 地址的配置对话框，如图 7-3 所示。

（3）配置计算机的 IPv4 地址。

配置计算机的 IP 地址有两种方式：自动获取和手动配置。自动获取 IP 地址需要网络中有 DHCP 服务器支持。

本实验是组建局域网络，所以手动配置 IP 地址时选择私有 IP 地址。可以在"10.0.0.1～10.255.255.254"、"172.16.0.1～172.31.255.254"和"192.168.0.1～192.168.255.254"三个 IP 段中进行选择。

图 7-1 网络属性命令

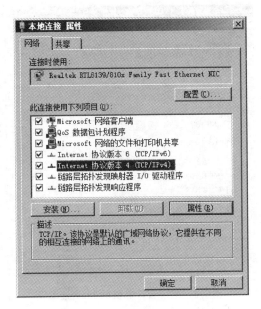

图 7-2 "本地连接属性"对话框

Step1：选择"使用下面的 IP 地址"单选按钮，即可手动配置 IP 地址。将第一台计算机的"IP 地址设"设置为"192.168.1.1"，"子网掩码"设置为"255.255.255.0"，由于本实验只涉及局域网，所以"默认网关"和 DNS 服务器不需要设置。配置详情如图 7-4 所示。

Step2：配置第二台计算机的 IP 地址为"192.168.1.2"，子网掩码为"255.255.255.0"。

Step3：配置第三台计算机的 IP 地址为"192.168.1.3"，子网掩码为"255.255.255.0"。判断两台计算机是否在同一网段，可以分别将其 IP 地址和子网掩码做一个"与"运算，如果结果相同，说明就在同一网段，同一网段中的计算机不使用路由器也可以相互通信。

计算机网络基础实验

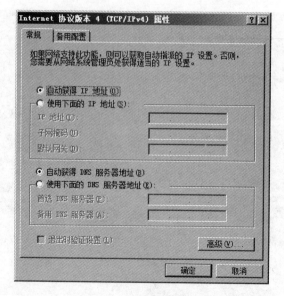

图 7-3 IP 地址的配置对话框

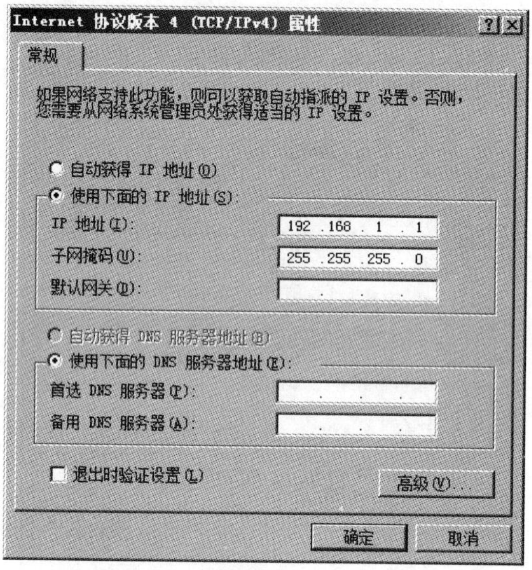

图 7-4 第一台计算机的 IP 地址配置

（4）关闭 Windows 防火墙。

打开"控制面板"，选择"Windows 防火墙"，在窗口上单击"打开或关闭 Windows 防火墙"按钮，然后选择"关闭 Windows 防火墙"单选按钮，如图 7-5 所示。

（5）使用 ping 命令测试网络。

Step1：在第一台计算机上单击"开始"菜单，在"搜索框"里输入"CMD"，然后按 Enter 键，打开"命令提示符"。

Step2：在命令提示符里输入"ping 192.168.1.2"，然后按 Enter 键。如果接收到来自第二台计算机的回复，说明网络配置成功，如图 7-6 所示。

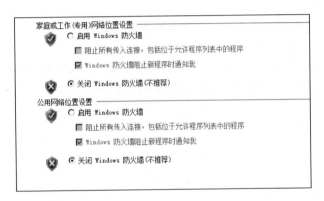

图 7-5　关闭 Windows 防火墙

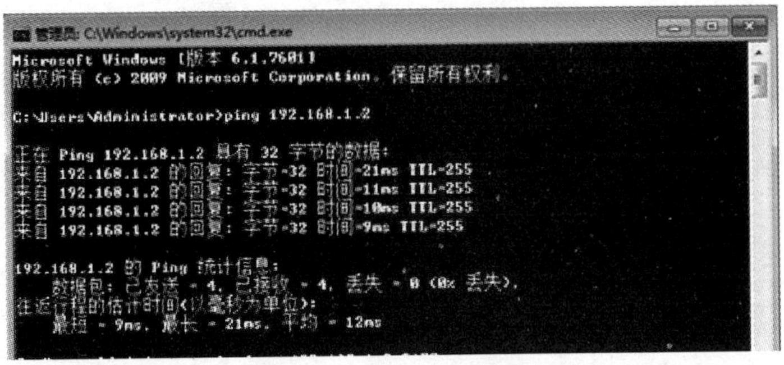

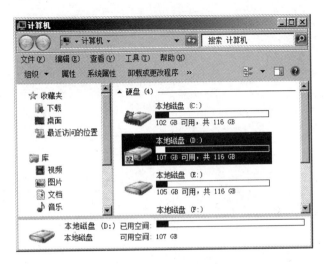

图 7-6　ping 命令的使用

(6) 共享第二台计算机的 D 盘。

Step1：打开"计算机"窗口，在 D 盘上右击，选择"属性"选项。

Step2：在"本地磁盘(D：)属性"对话框上选择"共享"选项卡，然后单击"高级共享"按钮，打开"高级共享"对话框。

Step3：在"高级共享"对话框上勾选"共享此文件夹"复选框，然后单击"确定"按钮。共享后的 D 盘如图 7-7 所示。

图 7-7　共享后的 D 盘

（7）在第一台计算机上访问第二台计算机的 D 盘。

Step1：在第一台计算机上打开"计算机"窗口。

Step2：在地址栏里输入"//192.168.1.2"，按 Enter 键，在弹出的对话框上输入第二台计算机的"用户名"和"密码"即可访问该计算机的共享资源。如果第二台计算机没有设置密码则不能访问。

实验 8 ｜ 多媒体制作

实验目的

- 学会使用 Windows"录音机"录制声音；
- 学会使用 Windows Media Player(媒体播放机)播放媒体文件；
- 学会使用 Windows 提供的"画图"工具,进行改变图像尺寸、添加文字、以多种格式保存图像文件。

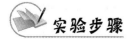实验内容

(1) 使用 Windows"录音机"录制声音。

(2) 使用 Windows Media Player(媒体播放机)播放媒体文件。

(3) 使用 Windows 提供的"画图"工具,进行改变图像尺寸、添加文字、以多种格式保存图像文件等操作。

实验步骤

(1) 在"开始"菜单的"搜索框"中输入"录音机",然后单击"程序"下的"录音机"运行程序,或者选择"开始"→"所有程序"→"附件"→"录音机"选项,启动"录音机"程序,如图 8-1 所示。

图 8-1 打开"录音机"

Step1："录音机"界面非常简洁,单击"开始录制"按钮或者使用 Alt＋S 快捷键就开始录音了,如图 8-2 所示。Windows 7 和以往版本的"录音机"有所区别,取消了每次只能录音 60 秒的限制,但无法试听录音,只能保存后用播放软件播放。

图 8-2 "录音机"录制界面

Step2：当录制完成后,单击"停止录制"按钮或使用 Alt＋S 快捷键停止录音,并弹出保存对话框。

图 8-3 "录音机"停止录制界面

Step3：在"另存为"对话框中可以输入文件名,也可以在"参与创作的艺术家"和"唱片集"中输入自己的信息,完成后单击"保存"按钮,录音就制作好了,最后可使用音频播放工具将保存的录音文件播放出来。

图 8-4 录音文件的保存

(2)选择"开始"→"程序"→"附件"→"娱乐"→Windows Media Player 选项,显示媒体播放机的主界面,如图 8-5 所示。

图 8-5　Windows Media Player 主界面

　　Step1：在"工具栏"上右击，选择"文件"→"打开"选项，如图 8-6 所示。选择一个媒体文件，例如"音乐 6. wav"。该文件一旦被打开，将立即自动播放。

图 8-6　打开媒体文件

　　Step2：根据需要，可调整与播放有关的控制参数，例如播放的次数、是否始终重复、播完后是否快退。用鼠标移动"音量"滑块，调整媒体播放器使用的默认音量。移动"平衡"滑块，调整立体声的声道平衡。在视频缩放选择框中，可选择"50％"、"100％"、"200％"或"自定义"播放尺寸。媒体播放器可以播放很多格式的媒体文件，一般不需要特别地指定。

　　（3）在 Windows 桌面上选择"开始"→"程序"→"附件"→"画图"选项，打开画图工具，如图 8-7 所示。窗口顶部的一组菜单，用于对文件进行保存、编辑等。左侧是画图工具盒，用于画图。画图区如同白纸，用于画图或显示图片。颜色有前景/背景色的显示区和调色板，前景色是画笔颜色，用于作画；背景色是底色。

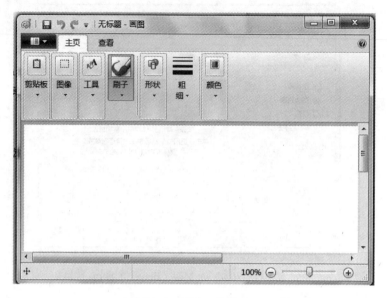

图 8-7　画图工具界面

Step1：选择"文件"→"打开"选项，从自己的素材库中选择一个图像文件，如图 8-8 所示，打开"桌面-天鹅.jpg"。

图 8-8　打开图像文件

注意：如果选择的文件尺寸很大，要想全部显示该文件，可把画图工具的窗口尺寸调整得大一些。

Step2：改变图像的尺寸。选择"图像"→"重新调整大小"选项，显示"调整大小和扭曲"对话框。在该对话框的"水平"和"垂直"两个文本框中分别输入数值，例如40（意思是把图像缩小到原图的40％），如图8-9所示，单击"确定"按钮后，画图工具窗口中的图像被缩小。

图 8-9　调整大小和扭曲图像

Step3：添加文字。单击文字按钮，用鼠标左键在图像上画出一个文字书写区域，然后输入文字，如图8-10所示。

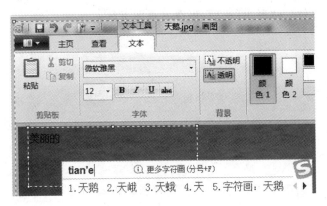

图 8-10　在图片上输入文字

① 文字背景如果带有底色，单击"透明"按钮即可消除。

② 把鼠标对准并拖动文字输入框，即可移动文字的位置。最后单击文字输入框以外区域，结束文字操作。

Step4：保存。选择"文件"→"另存为"选项，打开"另存为"对话框。在"保存类型"框中,依次进行如下操作：

    ① 选择"24 位位图"类型,文件取名为：天鹅-24,单击"保存"按钮。

    ② 选择"256 色位图"类型,文件取名为：天鹅-256,单击"保存"按钮。

    ③ 选择"16 色位图"类型,文件取名为：天鹅-16,单击"保存"按钮。

    当选择"256 色位图"和"16 色位图"类型保存时,将打开"保存为这种格式可能会丢失某些颜色信息。是否还要继续?"信息提示框。此时单击"是"按钮,保存图像。

图 8-11　保存修改好的图片

Step5：选择"文件"→"退出"选项,可退出画图工具。

实验 9　　　　网 页 制 作

实验目的

- 掌握表格的基本操作；
- 熟悉表格属性；
- 能够使用表格布局网页。

实验内容

创建一张网页，用表格进行布局，页面分为四个部分：顶部 Banner、导航条、主体内容、版尾，主体内容又分为左右两块，可用一个 4 行 1 列的表格来放置对应内容，完成后如图 9-1 所示。

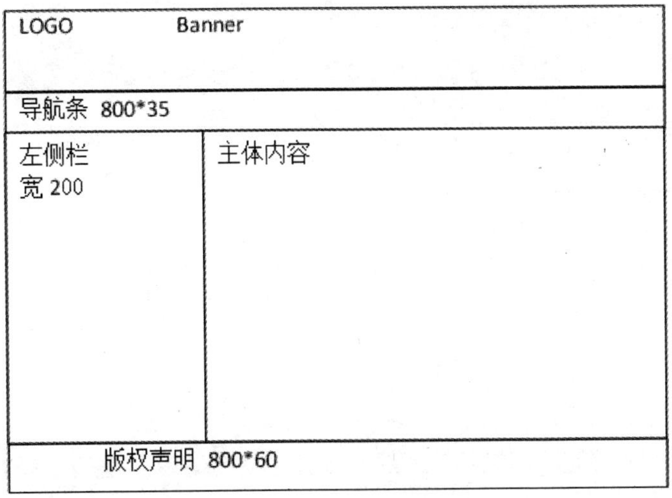

LOGO　　　　　Banner	
导航条 800*35	
左侧栏 宽 200	主体内容
版权声明 800*60	

图 9-1　表格布局示意图

实验步骤

（1）设置表格布局。

Step1：添加一个 4 行 1 列的表格，宽度设为 800，居中。

Step2：在第二行内插入一个 1 行 9 列的嵌套表格，用以放置导航内容。

Step3：在第三行中插入一个 1 行 2 列的嵌套表格，用以放置主体内容。

（2）添加内容。

Step1：在第一行添加图片 logo.jpg。

Step2：添加动画 banner.swf。

Step3：在第二行导航栏里输入导航文本，添加超链接中的空链接＜a href="＃"＞＜/a＞。

Step4：给第三行左侧栏添加内容：

① 光标放在左侧栏单元格中，输入文字"站点推荐"。

② 选择文本"站点推荐"，在"属性"面板 HTML 选项中的"格式"下拉列表中选择"标题3"。

③ 按 Enter 键，在"插入"面板中单击"水平线"按钮，在单元格中插入一条水平线作为分隔线。

④ 光标定位在水平线后，继续输入站点推荐内容，分别为"eNet硅谷动力"、"21 世纪我要自学网"、"大家论坛"、"火星时代"、"天极网"，每输入一次就按一次 Enter 键，让文字在不同的行中显示。

⑤ 选择所有站点推荐内容，单击"属性"面板中的"项目列表"按钮，把文字转换为列表，如图 9-2 所示。

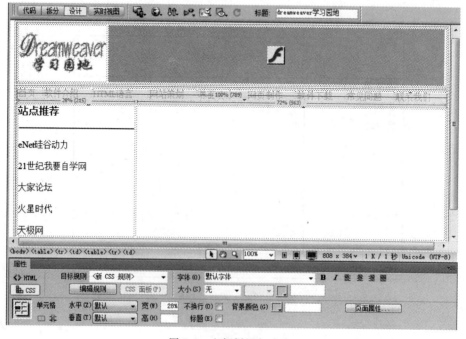

图 9-2　左侧栏添加内容

Step5：添加右侧栏内容：

① 光标定位在右侧单元格内，输入文本"什么是 Dreamweaver?"，按 Enter 键，插入 Dreamweaver 图标 Dreamweaver CS6.png。

② 输入 Dreamweaver 介绍文字。输入完成后效果如图 9-3 所示。

图 9-3　右侧栏添加内容

Step6：版尾内容。

① 把光标定位在最后一个单元格内，在"属性"面板设置单元格的"水平对齐"方式为"居中对齐"。

② 输入文字"版权所有 © 2013qingqing"。中间的版权符号可通过选择"插入"→HTML →"特殊字符"→"版权"选项插入，也可以通过选择"插入面板"→"文本"→"字符"→"版权"选项插入。

③ 换行（Shift＋Enter）后，输入"yqq123@sina.com.cn"。到此，内容输入完毕，效果如图 9-4 所示。

（3）美化网页。

Step1：网页初始化设置，包括设置网页的背景色与字体大小，让网页表格居中。

CSS 规则代码如下：

```
body {font - size: 14px;
    background - color: #066;}
```

选中表格，在"属性"面板设置表格的"对齐"方式为"居中对齐"。

Step2：给 LOGO 与 Banner 添加背景图。

① 创建类名为 td1 的 CSS 规则，在". td1 的 CSS 规则定义"对话框中"背景"分类中设置 Background-image 为 td1_jg.png，Background-repeat 为 no-repeat。

② 选择第一个单元格或光标放在此单元格内，在"属性"面板 HTML 选项下的"类"下拉列表中选择 td1，应用 td1 样式。

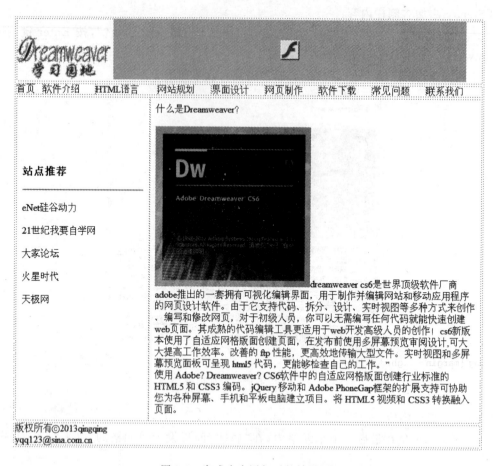

图 9-4 完成内容添加后的效果图

③ 将 Banner 背景设置为透明。Banner 动画有一个白色的背景,会把背景图像遮盖住。选择 Banner 动画,在"属性"面板的 Wmode 下拉列表中选择"透明"选项,如图 9-5 所示,背景就变得透明。

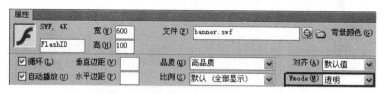

图 9-5 设置背景透明

Step3:设置标题栏的背景,效果如图 9-6 所示。

```
.td1 {background - image:url(images/td1_bg.png);
    background - repeat: no-repeat;}
```

Step4:美化左侧栏。

左侧栏宽度设为 200px,文本顶端对齐,添加一个浅绿到深绿的渐变背景图,水平线的颜色设置为与网页背景相同的颜色♯066。无序列表项间距为 15px。

图 9-6　标题栏效果

美化完毕,CSS 规则代码如下。

```
.td3 {background - image:url(images/td3_bg.gif);background - repeat: repeat - x;
    vertical - align: top;width: 200px;}
hr {color: #066;}
li {margin - bottom: 15px;}
```

Step5:美化右侧栏。

背景色为白色,单元格文本顶端对齐,主体文本右侧环绕图片,离图片有 15px 间距,文字行间距为 160%行距,首行缩进。CSS 规则代码如下,效果图 9-7 所示。

```
. ztp {line - height: 160 % ;
    text - indent: 2em;}
.td4 {background - color: #FFF;
    vertical - align: top;}
img {margin - right: 15px;}
```

图 9-7　右侧栏美化效果

Step6:美化版尾。

单元格高度设为 60px,背景色设为深绿色#003300,文字设为白色,居中显示。
美化完毕,CSS 规则代码如下。

```
.td4 {
    background - color: #FFF;
```

```
vertical - align: top;
}
```

 **完成样张**

完成所有设置后,效果如图 9-8 所示。

图 9-8　网页效果图

下篇　自测题及参考答案

自 测 题 一

一、选择题

1. 下列叙述中,正确的是( )。
   A) CPU 能直接读取硬盘上的数据　　B) CPU 能直接存取内存储器
   C) CPU 由存储器、运算器和控制器组成　D) CPU 主要用来存储程序和数据

2. 1946 年首台电子数字计算机 ENIAC 问世后,冯·诺依曼(von Neumann)在研制 EDVAC 计算机时,提出两个重要的改进,它们是( )。
   A) 引入 CPU 和内存储器的概念　　B) 采用机器语言和十六进制
   C) 采用二进制和存储程序控制的概念　D) 采用 ASCII 编码系统

3. 汇编语言是一种( )。
   A) 依赖于计算机的低级程序设计语言　B) 计算机能直接执行的程序设计语言
   C) 独立于计算机的高级程序设计语言　D) 面向问题的程序设计语言

4. 假设某台式计算机的内存储器容量为 128MB,硬盘容量为 10GB。硬盘的容量是内存容量的( )。
   A) 40 倍　　　　B) 60 倍　　　　C) 80 倍　　　　D) 100 倍

5. 计算机的硬件主要包括中央处理器(CPU)、存储器、输出设备和( )。
   A) 键盘　　　　B) 鼠标　　　　C) 输入设备　　　　D) 显示器

6. 根据汉字国标 GB 2312—80 的规定,二级次常用汉字个数是( )。
   A) 3000 个　　　B) 7445 个　　　C) 3008 个　　　D) 3755 个

7. 在一个非零无符号二进制整数之后添加一个 0,则此数的值为原数的( )。
   A) 4 倍　　　　B) 2 倍　　　　C) 1/2 倍　　　　D) 1/4 倍

8. Pentium(奔腾)微型计算机的字长是( )。
   A) 8 位　　　　B) 16 位　　　　C) 32 位　　　　D) 64 位

9. 下列关于 ASCII 编码的叙述中,正确的是( )。
   A) 一个字符的标准 ASCII 码占一个字节,其最高二进制位总为 1
   B) 所有大写英文字母的 ASCII 码值都小于小写英文字母 a 的 ASCII 码值
   C) 所有大写英文字母的 ASCII 码值都大于小写英文字母 a 的 ASCII 码值
   D) 标准 ASCII 码表有 256 个不同的字符编码

10. 在 CD 光盘上标记有"CD-RW"字样,此标记表明这光盘( )。
    A) 只能写入一次,可以反复读出的一次性写入光盘
    B) 可多次擦除型光盘

C) 只能读出,不能写入的只读光盘

D) RW 是 Read and Write 的缩写

11. 一个字长为 5 位的无符号二进制数能表示的十进制数值范围是(　　)。

A) 1～32　　　　B) 0～31　　　　C) 1～31　　　　D) 0～32

12. 计算机病毒是指"能够侵入计算机系统并在计算机系统中潜伏、传播,破坏系统正常工作的一种具有繁殖能力的(　　)"。

A) 流行性感冒病毒　　　　　　　　B) 特殊小程序

C) 特殊微生物　　　　　　　　　　D) 源程序

13. 在计算机中,每个存储单元都有一个连续的编号,此编号称为(　　)。

A) 地址　　　　B) 位置号　　　　C) 门牌号　　　　D) 房号

14. 在所列出的:①字处理软件、②Linux、③UNIX、④学籍管理系统、⑤Windows 7 和⑥Office 2010 这六个软件中,属于系统软件的有(　　)。

A) ①,②,③　　　　　　　　　　　B) ②,③,④

C) ①,②,③,④　　　　　　　　　　D) 全部都不是

15. 一台微型计算机要与局域网连接,必须具有的硬件是(　　)。

A) 集线器　　　　B) 网关　　　　C) 网卡　　　　D) 路由器

16. 在下列字符中,其 ASCII 码值最小的一个是(　　)。

A) 空格字符　　　　B) 0　　　　C) A　　　　D) a

17. 十进制数 100 转换成二进制数是(　　)。

A) 0110101　　　　B) 01101000　　　　C) 01100100　　　　D) 01100110

18. 有一域名为 bit. edu. en 的网站,根据域名代码的规定,此域名表示(　　)。

A) 政府机关　　　　B) 商业组织　　　　C) 军事部门　　　　D) 教育机构

19. 若已知一汉字的国标码是 5E38,则其内码是(　　)。

A) DEB8　　　　B) DE38　　　　C) 5EB8　　　　D) 7E58

20. 在下列设备中,不能作为微型计算机输出设备的是(　　)。

A) 打印机　　　　B) 显示器　　　　C) 鼠标器　　　　D) 绘图仪

二、基本操作题

1. 将"自测题 1"文件夹下 ABNQ 文件夹中的 XUESHI. c 文件复制到"自测题 1"文件夹中,文件命名为 USER. c。

2. 将"自测题 1"文件夹下 LIANG 文件夹中的 TDENGE 文件夹删除。

3. 为"自测题 1"文件夹下 GAQU 文件夹中的 XIAO. bb 文件建立名为 KXIAO 的快捷方式,并存放在"自测题 1"文件夹下。

4. 在"自测题 1"文件夹下 TEACHER 文件夹中创建名为 ABSP. txt 的文件,并设置属性为隐藏。

5. 将"自测题 1"文件夹下 WWH 文件夹中的 WORD. bak 文件移动到"自测题 1"文件夹中,并改名为 MICROSO. bak。

三、字处理

在"自测题 1"文件夹下,打开文档 WORD1. docx,按照要求完成下列操作并以该文件名(WORD1. docx)保存文档。

【文档开始】

太阳的文牍有多高？

1879 年,奥地利物理学家斯特凡指出,物体的辐射是随它的文牍的四次方增加的。这样,根据斯特凡指出的物体的辐射与文牍的关系,以及测量得到的太阳辐射量,可以计算出太阳的表面文牍约为 6000℃。

太阳的文牍还可以根据它的颜色估计出来。我们都有这样的经验,当一块金属在熔炉中加热时,随着文牍的升高,它的颜色也不断地变化着:起初是暗红,以后变成鲜红、橙黄……因此当一个物体被加热时,它的每一种颜色都和一定的文牍相对应。

平时看到的太阳是金黄色的,考虑到地球大气层的吸收,太阳的颜色也是与 6000℃ 的文牍相对应的。

颜色与文牍的对应关系

颜色	文牍
深红	600℃
鲜红	1000℃
玫瑰色	1500℃
橙黄	3000℃
草黄	5000℃
黄白	6000℃
白色	13000℃
蓝色	25000℃

【文档结束】

(1) 将文中所有错词"文牍"替换为"温度"。

(2) 将标题段文字("太阳的温度有多高?")设置为三号蓝色宋体、居中、加黄色底纹。

(3) 正文文字("1879 年,……相对应的。")设置为小四号楷体,各段落左、右各缩进 1.5 字符,首行缩进 2 字符,段前间距 0.5 行。

(4) 将表格标题("颜色与温度的对应关系")设置为小四号宋体、加粗、居中。

(5) 将文中最后 9 行文字转换成一个 9 行 2 列的表格,表格居中,列宽 3 厘米,表格中的文字设置为五号宋体,第一行文字对齐方式为中部居中,其他各行内容对齐方式为中部两端对齐。

四、电子表格

(1) 打开工作簿文件 EXCEL. xlsx,将工作表 Sheet1 的 A1:D1 单元格合并为一个单元格,内容水平居中,计算"平均奖学金"列的内容(平均奖学金=总奖学金/学生人数),将工作表命名为"奖学金获得情况表"。

	A	B	C	D	E
1	奖学金获得情况表				
2	班别	总奖学金	学生人数	平均奖学金	
3	一班	33680	29		
4	二班	24730	30		
5	三班	36520	31		

（2）选取"奖学金获得情况表"的"班别"列和"平均奖学金"列的单元格内容，建立"三维簇状柱形图"，X 轴上的项为班别（系列产生在"列"），图表标题为"奖学金获得情况图"，插入到表的 A7:E17 单元格区域内。

五、演示文稿

打开"自测题 1"文件夹下的演示文稿 yswg.pptx，按照下列要求完成对此文稿的修饰并保存。

（1）将第三张幻灯片版式改变为"标题和竖排文字"，把第三张幻灯片移动成整个演示文稿的第二张幻灯片。分别设置三张幻灯片上对象的进入动画效果为："飞入"、"盒状"、"放大"。

（2）全部幻灯片的切换效果都设置成"百叶窗"，第一张幻灯片背景填充纹理设置为"水滴"。

自 测 题 二

一、选择题

1. 世界上公认的第一台电子计算机诞生于(　　　)年。
    A) 1943　　　　　　B) 1946　　　　　　C) 1950　　　　　　D) 1951

2. 构成 CPU 的主要部件是(　　　)。
    A) 内存和控制器　　　　　　　　　　B) 内存、控制器和运算器
    C) 高速缓存和运算器　　　　　　　　D) 控制器和运算器

3. 二进制数 110001 转换成十进制数是(　　　)。
    A) 47　　　　　　　B) 48　　　　　　　C) 49　　　　　　　D) 51

4. 假设某台式计算机内存储器的容量为 1KB,其最后一个字节的地址是(　　　)。
    A) 1023H　　　　　B) 1024H　　　　　C) 0400H　　　　　D) 03FFH

5. 组成微型计算机主机的部件是(　　　)。
    A) CPU、内存和硬盘　　　　　　　　B) CPU、内存、显示器和键盘
    C) CPU 和内存　　　　　　　　　　　D) CPU、内存、硬盘、显示器和键盘套

6. 已知英文字母 m 的 ASCII 码值为 6DH,那么字母 q 的 ASCII 码值是(　　　)。
    A) 70H　　　　　　B) 71H　　　　　　C) 72H　　　　　　D) 6FH

7. 一个字长为 6 位的无符号二进制数能表示的十进制数值范围是(　　　)。
    A) 0～64　　　　　B) 1～64　　　　　C) 1～63　　　　　D) 0～63

8. 下列设备中,可以作为微型计算机输入设备的是(　　　)。
    A) 打印机　　　　　B) 显示器　　　　　C) 鼠标器　　　　　D) 绘图仪

9. 操作系统对磁盘进行读/写操作的单位是(　　　)。
    A) 磁道　　　　　　B) 字节　　　　　　C) 扇区　　　　　　D) KB

10. 一个汉字的国标码需用 2 字节存储,其每个字节的最高二进制位的值分别为(　　　)。
    A) 0,0　　　　　　B) 1,0　　　　　　C) 0,1　　　　　　D) 1,1

11. 下列各类计算机程序语言中,不属于高级程序设计语言的是(　　　)。
    A) Visual Basic　　　　　　　　　　B) FORTAN 语言
    C) Pascal 语言　　　　　　　　　　　D) 汇编语言

12. 在下列字符中,其 ASCII 码值最大的一个是(　　　)。
    A) 9　　　　　　　B) Z　　　　　　　C) d　　　　　　　D) X

13. 下列关于计算机病毒的叙述中,正确的是(　　　)。
    A). 反病毒软件可以查杀任何种类的病毒

B) 计算机病毒是一种被破坏了的程序

C) 反病毒软件必须随着新病毒的出现而升级,提高查、杀病毒的功能

D) 感染过计算机病毒的计算机具有对该病毒的免疫性

14. 下列各项中,非法的 Internet 的 IP 地址是( )。

A) 202.96.12.14 B) 202.196.72.140

C)* 112.256.23.8 D) 201.124.38.79

15. 用来存储当前正在运行的应用程序的存储器是( )。

A) 内存 B) 硬盘 C) 软盘 D) CD-ROM

16. 计算机网络分为局域网、城域网和广域网,下列属于局域网的是( )。

A) ChinaDDN 网 B) Novell 网

C) ChinaNet 网 D) Internet

17. 下列设备组中,完全属于计算机输出设备的一组是( )。

A) 喷墨打印机、显示器、键盘 B) 激光打印机、键盘、鼠标器

C) 键盘、鼠标器、扫描仪 D) 打印机、绘图仪、显示器

18. 若已知一汉字的国标码是 5E38H,则其内码是( )。

A) DEB8H B) DE38H C) 5EB8H D) 7E58H

19. 把内存中数据传送到计算机的硬盘上去的操作称为( )。

A) 显示 B) 写盘 C) 输入 D) 读盘

20. 用高级程序设计语言编写的程序( )。

A) 计算机能直接执行 B) 具有良好的可读性和可移植性

C) 执行效率高但可读性差 D) 依赖于具体机器,可移植性差

二、基本操作

1. 将"自测题 2"文件夹 FENG/WANG 文件夹中的文件 BOOK.prg 移动到"自测题 2"文件夹下 CHANG 文件夹中,并将该文件改名为 TEXT.prg。

2. 将"自测题 2"文件夹下 CHU 文件夹中的文件 JIANG.tmp 删除。

3. 将"自测题 2"文件夹下 REI 文件夹中的文件 SONG.for 复制到"自测题 2"文件夹下 CHENG 文件夹中。

4. 在"自测题 2"文件夹下 MAO 文件夹中建立一个新文件夹 YANG。

5. 将"自测题 2"文件夹 ZHOU/DENG 文件夹中的文件 OWER.dbf 设置为隐藏属性。

三、字处理

在"自测题 2"文件夹下打开文档 WORD.docx,按照要求完成下列操作并以该文件名(WORD.docx)保存文档。

【文档开始】

中国偏食元器件市场发展态势

90 年代中期以来,外商投资踊跃,合资企业积极内迁。日本最大的偏食元器件厂商村田公司以及松下、京都陶瓷和美国摩托罗拉都已在中国建立合资企业,分别生产偏食陶瓷电容器、偏食电阻器和偏食二极管。

我国偏食元器件产业是在 80 年代彩电国产化的推动下发展起来的。先后从国外引进

了 40 多条生产线。目前国内新型电子元器件已形成了一定的产业基础,对大生产技术和工艺逐渐有所掌握,已初步形成了一些新的增长点。

对中国偏食元器件生产的乐观估计是,到 2005 年偏食元器件产量可达 3500~4000 亿只,年均增长 30%,偏食化率达 80%。

近年来中国偏食元器件产量一览表(单位:亿只)

产品类型	1998 年	1999 年	2000 年
片式多层陶瓷电容器	125.1	413.3	750
片式钽电解电容器	5.1	6.5	9.5
片式铝电解电容器	0.1	0.1	0.5
片式有机薄膜电容器	0.2	1.1	1.5
半导体陶瓷电容器	0.3	1.6	2.5
片式电阻器	125.2	276.1	500
片式石英晶体器件	0.0	0.01	0.1
片式电感器、变压器	1.5	2.8	3.6

【文档结束】

(1) 将文中所有错词"偏食"替换为"片式"。设置页面纸张大小为"16K(18.4 厘米×26 厘米)"。

(2) 将标题段文字("中国片式元器件市场发展态势")设置为三号红色黑体、居中、段后间距 0.8 行。

(3) 将正文的第一段("90 年代中期以来……片式二极管。")移至第二段("我国……新的增长点。")之后;设置正文各段落("我国……片式化率达 80%。")右缩进 2 字符。设置正文的第一段("我国……新的增长点。")首字下沉 2 行(距正文 0.2 厘米);设置正文其余段落("90 年代中期以来……片式化率达 80%。")首行缩进 2 字符。

(4) 将文中最后 9 行文字转换成一个 9 行 4 列的表格,设置表格居中,并按"2000 年"列升序排序表格内容。

(5) 设置表格第一列列宽为 4 厘米、其余列列宽为 1.6 厘米,表格行高为 0.5 厘米;设置表格外框线为 1.5 磅蓝色(标准色)双窄线、内框线为 1 磅蓝色(标准色)单实线。

四、电子表格

1. 打开工作簿文件 EXCEL.xlsx。按照要求完成下列操作并以该文件名(EXCEL.xlsx)保存文档。

(1) 将 Sheet1 工作表的 A1:D1 单元格合并为一个单元格,内容水平居中;计算"分配回县/考取比例"列内容(分配回县/考取比例=分配回县人数/考取人数,百分比,保留小数点后面两位);使用条件格式将"分配回县/考取比例"列内大于或等于 50% 的值设置为红色、加粗。

(2) 选取"时间"和"分配回县/考取比例"两列数据,建立"带平滑线和数据标记的散点图"图表,设置图表样式为"样式 4",图例位置靠上,图表标题为"分配回县/考取散点图",将图表插入到表的 A12:D27 单元格区域内,将工作表命名为"回县比例表"。

113

	A	B	C	D
1	某县大学升学和分配情况表			
2	时间	考取人数	分配回县人数	分配回县/考取比例
3	2004	232	152	
4	2005	353	162	
5	2006	450	239	
6	2007	586	267	
7	2008	705	280	
8	2009	608	310	
9	2010	769	321	
10	2011	776	365	

2. 打开工作簿文件 EXC. xlsx,对工作表"产品销售情况表"内数据清单的内容按主要关键字"分公司"的升序次序和次要关键字"产品类别"的降序次序进行排序,完成对各分公司销售量平均值的分类汇总,各平均值保留小数点后 0 位,汇总结果显示在数据下方,工作表名不变,保存 EXC. xlsx 工作簿。

五、演示文稿

打开"自测题 2"文件夹下的演示文稿 yswg. pptx,按照下列要求完成对此文稿的修饰并保存。

1. 最后一张幻灯片前插入一张版式为"仅标题"的新幻灯片,标题为"领先同行业的技术",在位置(水平:3.6 厘米,自:左上角,垂直:10.7 厘米,自:左上角)插入样式为"填充-蓝色,强调文字颜色 2,暖色粗糙棱台"的艺术字"Maxtor Storage for the world",且文字均居中对齐。艺术字文字效果为"转换-跟随路径-上弯弧",艺术字宽度为 18 厘米。将该幻灯片向前移动,作为演示文稿的第一张幻灯片,并删除第五张幻灯片。将最后一张幻灯片的版式更换为"垂直排列标题与文本"。第二张幻灯片的内容区文本动画设置为"进入"、"飞入",效果选项为"自右侧"。

2. 第一张幻灯片的背景设置为"水滴"纹理,且隐藏背景图形;全文幻灯片切换方案设置为"棋盘",效果选项为"自顶部",放映方式为"观众自行浏览"。

自 测 题 三

一、选择题

1. 下列软件中,属于应用软件的是(　　　)。
   A) Windows 7
   B) UNIX
   C) Linux
   D) WPS Office 2010

2. 已知英文字母 m 的 ASCII 码值为 109,那么英文字母 p 的 ASCII 码值是(　　　)。
   A) 112　　　　　B) 113　　　　　C) 111　　　　　D) 114

3. 控制器的功能是(　　　)。
   A) 指挥、协调计算机各部件工作
   B) 进行算术运算和逻辑运算
   C) 存储数据和程序
   D) 控制数据的输入和输出

4. 计算机的技术性能指标主要是指(　　　)。
   A) 计算机所配备的语言、操作系统、外部设备
   B) 硬盘的容量和内存的容量
   C) 显示器的分辨率、打印机的性能等配置
   D) 字长、运算速度、内/外存容量和 CPU 的时钟频率

5. 在数制的转换中,正确的叙述是(　　　)。
   A) 对于相同的十进制整数(>1),其转换结果的位数的变化趋势随着基数 R 的增大而减少
   B) 对于相同的十进制整数(>1),其转换结果的位数的变化趋势随着基数 R 的增大而增加
   C) 不同数制的数字符是各不相同的,没有一个数字符是一样的
   D) 对于同一个整数值的二进制数表示的位数一定大于十进制数字的位数

6. 用高级程序设计语言编写的程序,要转换成等价的可执行程序,必须经过(　　　)。
   A) 汇编　　　　　B) 编辑　　　　　C) 解释　　　　　D) 编译和链接

7. 计算机系统软件中最核心的是(　　　)。
   A) 语言处理系统
   B) 操作系统
   C) 数据库管理系统
   D) 诊断程序

8. 下列关于计算机病毒的说法中,正确的是(　　　)。
   A) 计算机病毒是一种有损计算机操作人员身体健康的生物病毒
   B) 计算机病毒发作后,将造成计算机硬件永久性的物理损坏
   C) 计算机病毒是一种通过自我复制进行传染的,破坏计算机程序和数据的小程序

D) 计算机病毒是一种有逻辑错误的程序

9. 能直接与 CPU 交换信息的存储器是(　　)。

A) 硬盘存储器　　　　B) CD-ROM　　　　C) 内存储器　　　　D) 软盘存储器

10. 下列叙述中,错误的是(　　)。

A) 把数据从内存传输到硬盘的操作称为写盘

B) WPS Office 2010 属于系统软件

C) 把高级语言源程序转换为等价的机器语言目标程序的过程叫编译

D) 计算机内部对数据的传输、存储和处理都使用二进制

11. 以下关于电子邮件的说法,不正确的是(　　)。

A) 电子邮件的英文简称是 E-mail

B) 加入因特网的每个用户通过申请都可以得到一个“电子信箱”

C) 在一台计算机上申请的“电子信箱”,以后只有通过这台计算机上网才能收信

D) 一个人可以申请多个电子信箱

12. RAM 的特点是(　　)。

A) 海量存储器

B) 存储在其中的信息可以永久保存

C) 一旦断电,存储在其上的信息将全部消失,且无法恢复

D) 只用来存储中间数据

13. 一个汉字的内码与它的国标码之间的差是(　　)。

A) 2020H　　　　B) 4040H　　　　C) 8080H　　　　D) AOAOH

14. 1946 年诞生的世界上公认的第一台电子计算机是(　　)。

A) UNIVAC-I　　　　B) EDVAC　　　　C) ENIAC　　　　D) IBM650

15. 以下 IP 地址正确的是(　　)。

A) 202.112.111.1　　　　　　　　B) 202.2.2.2.2

C) 202.202.1　　　　　　　　　　D) 202.257.14.13

16. 微型计算机硬件系统中最核心的部件是(　　)。

A) 内存储器　　　　B) 输入输出设备　　　　C) CPU　　　　D) 硬盘

17. 1KB 的准确数值是(　　)。

A) 1024Bytes　　　　B) 1000Bytes　　　　C) 1024bits　　　　D) 1000bits

18. DVD-ROM 属于(　　)。

A) 大容量可读可写外存储器　　　　B) 大容量只读外部存储器

C) CPU 可直接存取的存储器　　　　D) 只读内存储器

19. 十进制数 55 转换成无符号二进制数等于(　　)。

A) 111111　　　　B) 110111　　　　C) 111001　　　　D) 111011

20. 下列设备组中,完全属于输入设备的一组是(　　)。

A) CD-ROM 驱动器、键盘、显示器　　　　B) 绘图仪、键盘、鼠标

C) 键盘、鼠标器、扫描仪　　　　　　　　D) 打印机、硬盘、条码阅读器

二、基本操作题

1. 将“自测题 3”文件夹下 MICRO 文件夹中的文件 SAK.pas 删除。

2. 在"自测题 3"文件夹下 POP/PUT 文件夹中建立一个名为 HUM 的新文件夹。

3. 将"自测题 3"文件夹下 COON/FEW 文件夹中的文件 RAD. for 复制到"自测题 3"文件夹下 ZUM 文件中。

4. 将"自测题 3"文件夹下 UEM 文件夹中的文件 MACRO. new 设置成隐藏和只读属性。

5. 将"自测题 3"文件夹下 MEP 文件夹中的文件 PGUP. fip 移动到"自测题 3"文件夹下 QEEN 文件夹中,并改名为 NEPA. jep。

三、字处理

1. 在"自测题 3"文件夹下,打开文档 WORD1. docx,按照要求完成下列操作并以该文件名(WORD1. docx)保存文档。

【文档开始】

"星星连珠"会引发灾害吗?

"星星连珠"时,地球上会发生什么灾变吗? 答案是:"星星连珠"发生时,地球上不会发生什么特别的事件。不仅对地球,就是对其他星星、小星星和彗星也一样不会产生什么特别影响。

为了便于直观地理解,不妨估计一下来自星星的引力大小。这可以运用牛顿的万有引力定律来进行计算。

科学家根据 6000 年间发生的"星星连珠",计算了各星星作用于地球表面一个 1 千克物体上的引力(如附表所示)。从表中可以看出最强的引力来自太阳,其次是来自月球。与来自月球的引力相比,来自其他星星的引力小得微不足道。就算"星星连珠"像拔河一样形成合力,其影响与来自月球和太阳的引力变化相比,也小得可以忽略不计。

【文档结束】

(1) 将标题段文字("'星星连珠'会引发灾害吗?")设置为蓝色(标准色)小三号黑体、加粗、居中。

(2) 设置正文各段落("'星星连珠'时,……可以忽略不计。")左右各缩进 0.5 字符、段后间距 0.5 行。将正文第一段("'星星连珠'时,……特别影响。")分为等宽的两栏、栏间距为 0.19 字符、栏间加分隔线。

(3) 设置页面边框为红色 1 磅方框。

2. 在"自测题 3"文件夹下,打开文档 WORD2. docx,按照要求完成下列操作并以该文件名(WORD2. docx)保存文档。

【文档开始】

职工号	单位	姓名	基本工资	职务工资	岗位津贴
1031	一厂	王平	706	350	380
2021	二厂	李万全	850	400	420
3074	三厂	刘福来	780	420	500
1058	一厂	张雨	670	360	390

【文档结束】

(1) 在表格最右边插入一列,输入列标题"实发工资",并计算出各职工的实发工资。并按"实发工资"列升序排列表格内容。

（2）设置表格居中，表格列宽为2厘米、行高为0.6厘米，表格所有内容水平居中；设置表格所有框线为1磅红色单实线。

四、电子表格

1. 打开工作簿文件 EXCEL.xlsx 按照要求完成下列操作并以该文件名（EXCEL.xlsx）保存文档。

（1）将 Sheet1 工作表的 A1:G1 单元格合并为一个单元格，内容水平居中；根据提供的工资浮动率计算工资的浮动额；再计算浮动后工资；为"备注"列添加信息，如果员工的浮动额大于800元，在对应的备注列内填入"激励"，否则填入"努力"（利用 IF 函数）；设置"备注"列的单元格样式为"40%-强调文字颜色2"。

（2）选取"职工号"、"原来工资"和"浮动后工资"列的内容，建立"堆积面积图"，设置图表样式为"样式28"，图例位于底部，图表标题为"工资对比图"，位于图的上方，将图插入到表的 A14:G33 单元格区域内，将工作表命名为"工资对比表"。

	A	B	C	D	E	F	G
1	某部门人员浮动工资情况表						
2	序号	职工号	原来工资（元）	浮动率	浮动额（元）	浮动后工资（元）	备注
3	1	H089	6000	15.50%			
4	2	H007	9800	11.50%			
5	3	H087	5500	11.50%			
6	4	H012	12000	10.50%			
7	5	H045	6500	11.50%			
8	6	H123	7500	9.50%			
9	7	H059	4500	10.50%			
10	8	H069	5000	11.50%			
11	9	H079	6000	12.50%			
12	10	H033	8000	11.60%			

2. 打开工作簿文件 EXC.xlsx，对工作表"产品销售情况表"内数据清单的内容建立数据透视表，行标签为"分公司"，列标签为"产品名称"，求和项为"销售额（万元）"，并置于现工作表的 J6:N20 单元格区域，工作表名不变，保存 EXC.xlsx 工作簿。

五、演示文稿

打开"自测题3"文件夹下的演示文稿 yswg.pptx，按照下列要求完成对此文稿的修饰并保存。

1. 在幻灯片的标题区中输入"中国的 DXF100 地效飞机"，文字设置为"黑体"、"加粗"、54磅字、红色（RGB 模式：红色255，绿色0，蓝色0）。插入版式为"标题和内容"的新幻灯片，作为第二张幻灯片。第二张幻灯片的标题内容为"DXF100 主要技术参数"，文本内容为"可载乘客15人，装有两台300马力航空发动机。"。第一张幻灯片中的飞机图片动画设置为"进入"、"飞入"，效果选项为"自右侧"。第二张幻灯片前插入一版式为"空白"的新幻灯片，并在位置（水平：5.3厘米，自：左上角，垂直：8.2厘米，自：左上角）处插入样式为"填充-蓝色，强调文字颜色2，粗糙棱台"的艺术字"DXF100 地效飞机"，文字效果为"转换-弯曲-倒 V 形"。

2. 第二张幻灯片的背景预设颜色为"雨后初晴"，类型为"射线"，并将该幻灯片移为第一张幻灯片。全部幻灯片切换方案设置为"时钟"，效果选项为"逆时针"，放映方式为"观众自行浏览"。

自 测 题 四

一、选择题

1. 一个汉字的内码长度为 2 字节,其每个字节的最高二进制位的值分别为(　　)。
    A) 0,0　　　　　　　B) 1,1　　　　　　　C) 1,0　　　　　　　D) 0,1

2. 当代微型计算机中所采用的电子元器件是(　　)。
    A) 电子管　　　　　　　　　　　　　B) 晶体管
    C) 小规模集成电路　　　　　　　　　D) 大规模和超大规模集成电路

3. 二进制数 1100100 等于十进制数(　　)。
    A) 96　　　　　　　　B) 100　　　　　　　C) 104　　　　　　　D) 112

4. 十进制数 89 转换成二进制数是(　　)。
    A) 1010101　　　　　B) 1011001　　　　　C) 1011011　　　　　D) 1010011

5. 下列叙述中,正确的是(　　)。
    A) 计算机能直接识别并执行用高级程序语言编写的程序
    B) 用机器语言编写的程序可读性最差
    C) 机器语言就是汇编语言
    D) 高级语言的编译系统是应用程序

6. 度量处理器 CPU 时钟频率的单位是(　　)。
    A) MIPS　　　　　　B) MB　　　　　　　C) MHz　　　　　　D) Mb/s

7. 计算机的硬件系统主要包括:中央处理器(CPU)、存储器、输出设备和(　　)。
    A) 键盘　　　　　　B) 鼠标　　　　　　C) 输入设备　　　　D) 扫描仪

8. 把存储在硬盘上的程序传送到指定的内存区域中,这种操作称为(　　)。
    A) 输出　　　　　　B) 写盘　　　　　　C) 输入　　　　　　D) 读盘

9. 一个汉字的 16×16 点阵字形码长度的字节数是(　　)。
    A) 16　　　　　　　B) 24　　　　　　　C) 32　　　　　　　D) 40

10. 计算机的系统总线是计算机各部件间传递信息的公共通道,它分为(　　)。
    A) 数据总线和控制总线　　　　　　　B) 地址总线和数据总线
    C) 数据总线、控制总线和地址总线　　D) 地址总线和控制总线

11. 汉字区位码分别用十进制的区号和位号表示。其区号和位号的范围分别是(　　)。
    A) 0～94,0～94　　　　　　　　　　B) 1～95,1～95
    C) 1～94,1～94　　　　　　　　　　D) 0～95,0～95

12. 下列两个二进制数进行算术加运算,100001+111=( )。

    A) 101110   B) 101000   C) 101010   D) 100101

13. 王码五笔字型输入法属于( )。

    A) 音码输入法   B) 形码输入法

    C) 音形结合的输入法   D) 联想输入法

14. 计算机网络最突出的优点是( )。

    A) 精度高   B) 共享资源   C) 运算速度快   D) 容量大

15. 计算机操作系统通常具有的五大功能是( )。

    A) CPU 管理、显示器管理、键盘管理、打印机管理和鼠标器管理

    B) 硬盘管理、软盘驱动器管理、CPU 的管理、显示器管理和键盘管理

    C) CPU 管理、存储管理、文件管理、设备管理和作业管理

    D) 启动、打印、显示、文件存取和关机

16. 组成 CPU 的主要部件是控制器和( )。

    A) 存储器   B) 运算器   C) 寄存器   D) 编辑器

17. 在下列字符中,其 ASCII 码值最大的一个是( )。

    A) Z   B) 9   C) 空格字符   D) a

18. 组成一个计算机系统的两部分是( )。

    A) 系统软件和应用软件   B) 主机和外部设备

    C) 硬件系统和软件系统   D) 主机和输入输出设备

19. 冯·诺依曼(von Neumann)在他的 EDVAC 计算机方案中,提出了两个重要的概念,它们是( )。

    A) 采用二进制和存储程序控制的概念

    B) 引入 CPU 和内存储器的概念

    C) 机器语言和十六进制

    D) ASCII 编码和指令系统

20. 计算机病毒除通过读/写或复制移动存储器上带病毒的文件传染外,另一条主要的传染途径是( )。

    A) 网络   B) 电源电缆

    C) 键盘   D) 输入有逻辑错误的程序

二、基本操作题

1. 在"自测题 4"文件夹下 GAH 文件夹中新建名为 BAO.txt 的文件。

2. 将"自测题 4"文件夹下 ADB 文件夹中的文件 CHU.exe 设置成只读属性。

3. 删除"自测题 4"文件夹下 BDF 文件夹。

4. 为"自测题 4"文件夹下的 CUF 文件夹建立名为 CUFB 的快捷方式,存放在"自测题 4"文件夹下的 MY 文件夹中。

5. 搜索"自测题 4"文件夹下的 YOU.txt 文件,然后将其复制到"自测题 4"文件夹下的 GAH 文件夹中。

三、字处理

试对"自测题 4"文件夹下 WORD.docx 文档中的文字进行编辑、排版和保存,具体要求

如下：

(1) 将标题段（"2007年北京高考录取率73.6％"）文字设置为小二号蓝色黑体，并添加红色方框。

(2) 设置正文各段落（"从北京市……专科补录工作。"）左右各缩进2字符，行距为18磅，段前间距为0.5行。

(3) 设置页眉并在页眉居中位置输入小五号宋体文字"车市新闻"。设置页面纸张大小为A4。

(4) 将文中后8行文字转换成一个8行3列的表格，设置表格居中，并以"根据内容调整表格"选项自动调整表格，设置表格所有文字水平居中。

(5) 设置表格外框线为0.75磅蓝色双窄线、内框线为0.5磅蓝色单实线；设置表格第一行为黄色底纹；在表格第一行第一列单元格内输入列标题"录取批次"。

四、电子表格

1. 在"自测题4"文件夹下打开EXCEL.xlsx文件。

(1) 将Sheet1工作表的A1:E1单元格合并为一个单元格，内容水平居中；计算"总价值"列（总价值＝产品数量×单价）和总价值的合计（置于D10单元格），按总价值的递减次序计算"部门排名"列的内容（利用RANK函数）；将A2:E10区域格式设置为自动套用格式"表样式浅色5"。

(2) 选取"部门号"和"总价值"列的内容建立"簇状条形图"（系列产生在"列"），标题为"生产情况统计图"，图例位于底部；将图插入到表A12:F28单元格区域，将工作表命名为"生产情况统计表"，保存EXCEL.xlsx文件。

2. 打开工作簿文件EXC.xlsx，对工作表"人力资源情况表"内数据清单的内容按主要关键字"部门"的递减次序和次要关键字"组别"的递减次序进行排序，完成对各部门年龄平均值的分类汇总，汇总结果显示在数据下方，工作表名不变，保存EXC.xlsx文件。

五、演示文稿

打开"自测题4"文件夹下的演示文稿yswg.pptx，按下列要求完成对此演示文稿的修饰并保存。

1. 使用"暗香扑面"模板修饰全文。放映方式为"观众自行浏览"。

2. 在第一张幻灯片前插入一版式为"标题幻灯片"的新幻灯片，主标题文字输入"全国95％以上乡镇开通宽带"，其字体为"黑体"，字号为63磅，"加粗"，颜色为蓝色（请用自定义标签的红色0、绿色0、蓝色250）。副标题输入"村村通工程"，其字体为"仿宋_GB2312"，字号为35磅。第二张幻灯片版式改为"内容与标题"，并将"今年全国95％以上乡镇开通宽带"移动到右侧文本区，将第三张幻灯片的图片移到第二张幻灯片的剪贴画区域。第二张幻灯片的文本动画设置为"劈裂"、"左右向中央收缩"。用母版方式使所有幻灯片的右下角插入有关"space shuttles, space transports…"的剪贴画。

自 测 题 五

一、选择题

1. 第二代电子计算机所采用的电子元件是(　　)。

    A) 继电器　　　　　　B) 晶体管　　　　　　C) 电子管　　　　　　D) 集成电路

2. 在微型计算机的硬件设备中,有一种设备在程序设计中既可以当作输出设备,又可以当作输入设备,这种设备是(　　)。

    A) 绘图仪　　　　　　B) 扫描仪　　　　　　C) 手写笔　　　　　　D) 磁盘驱动器

3. ROM 中的信息是(　　)。

    A) 由生产厂家预先写入的　　　　　　　　B) 在安装系统时写入的

    C) 根据用户需求不同,由用户随时写入的　　D) 由程序临时存入的

4. 十进制数 101 转换成二进制数等于(　　)。

    A) 1101011　　　　　B) 1100101　　　　　C) 1000101　　　　　D) 1110001

5. 计算机网络的目标是实现(　　)。

    A) 数据处理　　　　　　　　　　　　　　B) 文献检索

    C) 资源共享和信息传输　　　　　　　　　D) 信息传输

6. 显示器的主要技术指标之一是(　　)。

    A) 分辨率　　　　　　B) 亮度　　　　　　　C) 彩色　　　　　　　D) 对比度

7. 计算机操作系统的主要功能是(　　)。

    A) 对计算机的所有资源进行控制和管理,为用户使用计算机提供方便

    B) 对源程序进行翻译

    C) 对用户数据文件进行管理

    D) 对汇编语言程序进行翻译

8. 用来控制、指挥和协调计算机各部件工作的是(　　)。

    A) 运算器　　　　　　B) 鼠标器　　　　　　C) 控制器　　　　　　D) 存储器

9. 二进制数 101110 转换成等值的十六进制数是(　　)。

    A) 2C　　　　　　　　B) 2D　　　　　　　　C) 2E　　　　　　　　D) 2F

10. 汉字国标码(GB 2312—80)把汉字分成两个等级。其中一级常用汉字的排列顺序是按(　　)。

    A) 汉语拼音字母顺序　　　　　　　　　　B) 偏旁部首

    C) 笔画多少　　　　　　　　　　　　　　D) 以上都不对

11. 微型计算机的主机指的是( )。

    A) CPU、内存和硬盘   B) CPU、内存、显示器和键盘

    C) CPU 和内存储器   D) CPU、内存、硬盘、显示器和键盘

12. 计算机感染病毒的可能途径之一是( )。

    A) 从键盘上输入数据

    B) 随意运行外来的、未经杀病毒软件严格审查的 U 盘上的软件

    C) 所使用的光盘表面不清洁

    D) 电源不稳定

13. 若要将计算机与局域网连接,则至少需要具有的硬件是( )。

    A) 集线器   B) 网关   C) 网卡   D) 路由器

14. 英文缩写 CAM 的中文意思是( )。

    A) 计算机辅助设计   B) 计算机辅助制造

    C) 计算机辅助教学   D) 计算机辅助管理

15. CPU 的中文名称是( )。

    A) 控制器   B) 不间断电源

    C) 算术逻辑部件   D) 中央处理器

16. 一个字符的标准 ASCII 码码长是( )。

    A) 8b   B) 7b   C) 16b   D) 6b

17. 汉字的输入码可分为有重码和无重码两类,下列属于无重码类的是( )。

    A) 全拼码   B) 自然码   C) 区位码   D) 简拼码

18. 下列叙述中,正确的是( )。

    A) 用高级程序语言编写的程序称为源程序

    B) 计算机能直接识别并执行用汇编语言编写的程序

    C) 机器语言编写的程序必须经过编译和链接后才能执行

    D) 机器语言编写的程序具有良好的可移植性

19. 计算机软件系统包括( )。

    A) 程序、数据和相应的文档   B) 系统软件和应用软件

    C) 数据库管理系统和数据库   D) 编译系统和办公软件

20. 电子计算机最早的应用领域是( )。

    A) 数据处理   B) 数值计算   C) 工业控制   D) 文字处理

二、基本操作题

1. 在"自测题 5"文件夹下 MG 文件夹中创建名为 HEA 的文件夹。

2. 删除"自测题 5"文件夹下 KQ 文件夹中的 CAP.txt 文件。

3. 将"自测题 5"文件夹下 ABC 文件夹设置成隐藏属性。

4. 将"自测题 5"文件夹下 XAG/WAN 文件夹复制到"自测题 5"文件夹下 MG 文件夹中。

5. 搜索"自测题 5"文件夹下第二个字母是 F 的所有 .txt 文件,将其移动到"自测题 5"文件夹下的 XAG/WAN 文件夹中。

三、字处理

试对"自测题5"文件夹下 WORD.docx 文档中的文字进行编辑、排版和保存,具体要求如下:

(1)将标题段("B2C电子商务模式")文字设置为黑体、三号字、加粗、居中并加下划线。将倒数第八行文字设置为三号字、居中,并为本行中的"传统零售业"和"电子零售业"加着重号"."。

(2)设置正文各段落("由于不断……手机专卖店等。")悬挂缩进2字符、行距为1.3倍,段前和段后间距各0.5行。

(3)将正文的第三段("我国 B2C……手机专卖店等。")分为等宽的两栏,栏宽为16字符,栏中间加分隔线;首字下沉2行。

(4)将倒数第一行到第7行的文字转换为一个7行3列的表格。设置表格居中,表格中所有文字靠上居中,并设置表格行高为0.8厘米。

(5)设置表格外框线为1.5磅双窄线,内框线为0.75磅单黑色实线,其中第一行的下边框设置为1.5磅红色单实线。

四、电子表格

1. 在"自测题5"文件夹下打开 EXCEL.xlsx 文件,完成下列操作。

(1)将 Sheet1 工作表的 A1:C1 单元格合并为一个单元格,内容水平居中;计算教师的平均年龄(置于 B23 单元格内,数值型,保留小数点后两位),分别计算教授人数、副教授人数、讲师人数(置于 E5:E7 单元格内,利用 COUNTIF 函数);将 A2:C22 区域格式设置为自动套用格式"表样式浅色5"。

(2)选取 D4:D7 和 E4:E7 单元格数据建立"簇状圆柱图",图标题为"职称情况统计图",图例靠上,设置图表背景墙图案区域颜色为紫色;将图插入到表的 D9:G22 单元格区域内,将工作表命名为"职称情况统计表",保存 EXCEL.xlsx 文件。

2. 打开工作簿文件 EXC.xlsx,对工作表"人力资源情况表"内数据清单的内容按主要关键字"年龄"的递减次序、次要关键字"部门"的递增次序进行排序,对排序后的数据进行自动筛选,条件为:性别为男、职称为高工,工作表名不变,保存 EXC.xlsx 文件。

五、演示文稿

打开"自测题5"文件夹下的演示文稿 yswg.pptx,按下列要求完成对此演示文稿的修饰,并保存。

1. 将第一张幻灯片的版式改为"内容与标题",并在剪贴画区域插入有关"athletes baseball players…"类的剪贴画。第一张幻灯片前插入一张新幻灯片,幻灯片版式为"空白",并插入形状为"渐变填充-水绿色,强调文字颜色1"的艺术字"鸟巢"(位置为水平:6厘米,自:左上角,垂直:3.5厘米,自:左上角),并将背景填充预设为"碧海青天",底纹式样为"线性对角-右上到左下"。第四张幻灯片的版式改为"内容与标题",将文本的字体设置为"黑体",字号设置为33磅,"加粗","下划线单线"。将第三张幻灯片的图片移到剪贴画区域,文本动画设置为"劈裂"、"中央向左右展开",图片的动画设置为"进入"、"螺旋飞入"。

2. 删除第三张幻灯片。放映方式为"观众自行浏览"。

自 测 题 六

一、选择题

1. 一个字长为 6 位的无符号二进制数能表示的十进制数值范围是(　　)。
   A) 0～64　　　　　　B) 0～63　　　　　　C) 1～64　　　　　　D) 1～63

2. Internet 实现了分布在世界各地的各类网络的互联,其最基础和核心的协议是(　　)。
   A) HTTP　　　　　　B) TCP/IP　　　　　　C) HTML　　　　　　D) FTP

3. 假设邮件服务器的地址是 email. bj163. com,则用户正确的电子邮箱地址的格式是(　　)。
   A) 用户名♯email. bj163. com　　　　　　B) 用户名@email. bj163. com
   C) 用户名 email. bj163. com　　　　　　D) 用户名 $ email. bj163. com

4. 下列说法中,正确的是(　　)。
   A) 只要将高级程序语言编写的源程序文件(如 try. c)的扩展名更改为. exe,则它就成为可执行文件了
   B) 高档计算机可以直接执行用高级程序语言编写的程序
   C) 源程序只有经过编译和链接后才能成为可执行程序
   D) 用高级程序语言编写的程序可移植性和可读性都很差

5. 计算机技术中,下列不是度量存储器容量的单位是(　　)。
   A) KB　　　　　　B) MB　　　　　　C) GHz　　　　　　D) GB

6. 能保存网页地址的文件夹是(　　)。
   A) 收件箱　　　　　　B) 公文包　　　　　　C) 我的文档　　　　　　D) 收藏夹

7. 根据汉字国标 GB 2312—80 的规定,一个汉字的内码码长为(　　)。
   A) 8b　　　　　　B) 12b　　　　　　C) 16b　　　　　　D) 24b

8. 十进制数 101 转换成二进制数是(　　)。
   A) 01101011　　　　B) 01100011　　　　C) 01100101　　　　D) 01101010

9. 下列选项中,既可作为输入设备又可作为输出设备的是(　　)。
   A) 扫描仪　　　　　　B) 绘图仪　　　　　　C) 鼠标器　　　　　　D) 磁盘驱动器

10. 操作系统的主要功能是(　　)。
    A) 对用户的数据文件进行管理,为用户管理文件提供方便
    B) 对计算机的所有资源进行统一控制和管理,为用户使用计算机提供方便
    C) 对源程序进行编译和运行
    D) 对汇编语言程序进行翻译

11. 已知 a＝00111000B 和 b＝2FH,则两者比较的正确不等式是(　　)。

    A) a＞b　　　　　　　　B) a＝b　　　　　　　　C) a＜b　　　　　　　　D) 不能比较

12. 在下列字符中,其 ASCII 码值最小的一个是(　　)。

    A) 9　　　　　　　　　B) P　　　　　　　　　C) Z　　　　　　　　　D) a

13. 下列叙述中,正确的是(　　)。

    A) 所有计算机病毒只在可执行文件中传染

    B) 计算机病毒主要通过读/写移动存储器或 Internet 网络进行传播

    C) 只要把带病毒的 U 盘设置成只读状态,那么此盘上的病毒就不会因读盘而传染给另一台计算机

    D) 计算机病毒是由于光盘表面不清洁而造成的

14. Modem 是计算机通过电话线接入 Intenet 时所必需的硬件,它的功能是(　　)。

    A) 只将数字信号转换为模拟信号　　　　　B) 只将模拟信号转换为数字信号

    C) 为了在上网的同时能打电话　　　　　　D) 将模拟信号和数字信号互相转换

15. 下列叙述中,错误的是(　　)。

    A) 内存储器一般由 ROM 和 RAM 组成

    B) RAM 中存储的数据一旦断电就全部丢失

    C) CPU 可以直接存取硬盘中的数据

    D) 存储在 ROM 中的数据断电后也不会丢失

16. 计算机网络的主要目标是实现(　　)。

    A) 数据处理　　　　　　　　　　　　　　B) 文献检索

    C) 快速通信和资源共享　　　　　　　　　D) 共享文件

17. 办公室自动化(OA)是计算机的一大应用领域,按计算机应用的分类,它属于(　　)。

    A) 科学计算　　　　　B) 辅助设计　　　　　C) 实时控制　　　　　D) 数据处理

18. 组成一个完整的计算机系统应该包括(　　)。

    A) 主机、鼠标器、键盘和显示器　　　　　B) 系统软件和应用软件

    C) 主机、显示器、键盘和音箱等外部设备　D) 硬件系统和软件系统

19. 为了提高软件开发效率,开发软件时应尽量采用(　　)。

    A) 汇编语言　　　　　B) 机器语言　　　　　C) 指令系统　　　　　D) 高级语言

20. 按照数的进位制概念,下列各数中正确的八进制数是(　　)。

    A) 8707　　　　　　　B) 1101　　　　　　　C) 4109　　　　　　　D) 10BF

二、基本操作题

1. 在"自测题 6"文件夹中分别建立 AAA 和 BBB 两个文件夹。

2. 在 AAA 文件夹中新建一个名为 XUN.txt 的文件。

3. 删除"自测题 6"文件夹下 A2006 文件夹中的 NAW.txt 文件。

4. 搜索"自测题 6"文件夹下的 REF.c 文件,然后将其复制到"自测题 6"文件夹下的 AAA 文件夹中。

5. 为"自测题 6"文件夹下 TOU 文件夹建立名为 TOUB 的快捷方式,存放在"自测题 6"文件夹下的 BBB 文件夹中。

三、字处理

在"自测题 6"文件夹下打开文档 WORD. docx,按照要求完成下列操作并以该文件名 (WORD. docx)保存文档。

(1) 将大标题段("二、统计分析")文字设置为三号、红色、黑体、加粗、居中。

(2) 将小标题段("1. 调查情况"和"2. 学校教师工作满意感状况")中的文字设置为四号、楷体_GB2312。

(3) 将段落("最优前五项")进行段前分页,使得"最优前五项"及其后面的内容分隔到下一页,插入页码位置为"页面顶端(页眉)"、"普通数字 2"。

(4) 将文中"最优前五项"与"最差五项"之间的 6 行和最后 6 行文字分别转换为两个 6 行 3 列的表格。设置表格居中,表格中所有文字水平居中。

(5) 将表格各标题段文字("最优前五项"与"最差五项")设置为四号、蓝色、黑体、居中;设置表格所有边框线为 1 磅蓝色单实线。

四、电子表格

(1) 在"自测题 6"文件夹下打开 EXCEL. xlsx 文件,将 Sheet1 工作表的 A1:E1 单元格合并为一个单元格,内容水平居中;用公式计算"总工资"列的内容,在 E18 单元格内给出按总工资计算的平均工资(利用公式 AVERAGE 函数);利用条件格式将总工资大于或等于 6000 的单元格设置为绿色,把 A2:E17 区域格式设置为自动套用格式"表样式浅色 1";将工作表命名为"职工工资情况表",保存 EXCEL. xlsx 文件。

(2) 打开工作簿文件 EXC. xlsx,对工作表"图书销售情况表"内数据清单的内容进行自动筛选,条件为"各分店第 3 季度和第 4 季度、销售数量超过 200 的图书",工作表名不变,保存 EXC. xlsx 文件。

五、演示文稿

打开"自测题 6"文件夹下的演示文稿 yswg. pptx,按照下列要求完成对此文稿的修饰并保存。

1. 第二张幻灯片的版式改为"内容与标题",图片放入剪贴画区域,图片的动画设置为"飞入"、"自左侧"。插入一张幻灯片作为第一张幻灯片,版式为"标题幻灯片",输入主标题文字"鸭子漂流记",副标题文字为"遇风暴玩具鸭坠海"。主标题的字体设置为"黑体",字号设置为 65 磅,"加粗"。副标题字体设置为"楷体_GB2312",字号为 31 磅,颜色为红色(请用自定义标签的红色 250、绿色 0、蓝色 0)。

2. 删除第二张幻灯片。全部幻灯片切换效果为"随机线条"。

自测题七

一、选择题

1. 假设某台式计算机的内存储器容量为 256MB,硬盘容量为 20GB。硬盘的容量是内存容量的(   )。
   - A) 40 倍
   - B) 60 倍
   - C) 80 倍
   - D) 100 倍

2. 一个字长为 8 位的无符号二进制整数能表示的十进制数值范围是(   )。
   - A) 0~256
   - B) 0~255
   - C) 1~256
   - D) 1~255

3. 完整的计算机软件指的是(   )。
   - A) 程序、数据与相应的文档
   - B) 系统软件与应用软件
   - C) 操作系统与应用软件
   - D) 操作系统和办公软件

4. Internet 中不同网络和不同计算机相互通信的基础是(   )。
   - A) ATM
   - B) TCP/IP
   - C) Novell
   - D) X.25

5. 已知三个字符为:a、X 和 5,按它们的 ASCII 码值升序排序,结果是(   )。
   - A) 5,a,X
   - B) a,5,X
   - C) X,a,5
   - D) 5,X,a

6. 一个完整计算机系统的组成部分应该是(   )。
   - A) 主机、键盘和显示器
   - B) 系统软件和应用软件
   - C) 主机和它的外部设备
   - D) 硬件系统和软件系统

7. 运算器的主要功能是进行(   )。
   - A) 算术运算
   - B) 逻辑运算
   - C) 加法运算
   - D) 算术和逻辑运算

8. 已知一汉字的国标码是 5E38,其内码应是(   )。
   - A) DEB8
   - B) DE38
   - C) 5EB8
   - D) 7E58

9. 存储计算机当前正在执行的应用程序和相应的数据的存储器是(   )。
   - A) 硬盘
   - B) ROM
   - C) RAM
   - D) CD-ROM

10. 下列关于计算机病毒的叙述中,错误的是(   )。
    - A) 计算机病毒具有潜伏性
    - B) 计算机病毒具有传染性
    - C) 感染过计算机病毒的计算机具有对该病毒的免疫性
    - D) 计算机病毒是一个特殊的寄生程序

11. 根据国家标准 GB 2312—80 的规定,总计有各类符号和一、二级汉字编码(   )。
    - A) 7145 个
    - B) 7445 个
    - C) 3008 个
    - D) 3755 个

12. 下列各存储器中,存取速度最快的是(　　　)。

    A) CD-ROM　　　　B) 内存储器　　　　C) 软盘　　　　D) 硬盘

13. 下列关于世界上第一台电子计算机 ENIAC 的叙述中,错误的是(　　　)。

    A) 它是 1946 年在美国诞生的

    B) 它主要采用电子管和继电器

    C) 它是首次采用存储程序控制使计算机自动工作

    D) 它主要用于弹道计算

14. 度量计算机运算速度常用的单位是(　　　)。

    A) MIPS　　　　B) MHz　　　　C) MB　　　　D) Mb/s

15. 在微型计算机的配置中常看到"P4 2.4G"字样,其中数字"2.4G"表示(　　　)。

    A) 处理器的时钟频率是 2.4GHz

    B) 处理器的运算速度是 2.4GIPS

    C) 处理器是 Pentium 4 第 2.4 代

    D) 处理器与内存间的数据交换速率是 2.4GB/s

16. 计算机能直接识别的语言是(　　　)。

    A) 高级程序语言　　　　　　　　B) 机器语言

    C) 汇编语言　　　　　　　　　　D) C++语言

17. 二进制数 1001001 转换成十进制数是(　　　)。

    A) 72　　　　B) 71　　　　C) 75　　　　D) 73

18. 十进制数 90 转换成无符号二进制数是(　　　)。

    A) 1011010　　　　B) 1101010　　　　C) 1011110　　　　D) 1011100

19. 在外部设备中,扫描仪属于(　　　)。

    A) 输出设备　　　　B) 存储设备　　　　C) 输入设备　　　　D) 特殊设备

20. 标准 ASCII 码用 7 位二进制位表示一个字符的编码,其不同的编码共有(　　　)。

    A) 127 个　　　　B) 128 个　　　　C) 256 个　　　　D) 254 个

二、基本操作题

1. 将"自测题 7"文件夹下 ZIBEN.for 文件复制到"自测题 7"文件夹下的 LUN 文件夹中。

2. 将"自测题 7"文件夹下 HUAYUAN 文件夹中的 ANUM.bat 文件删除。

3. 为"自测题 7"文件夹下 GREAT 文件夹中的 GIRL.exe 文件建立名为 KGIRL 的快捷方式,并存放在"自测题 7"文件夹下。

4. 在"自测题 7"文件夹下 ABCD 文件夹中建立一个名为 FANG 的文件夹。

5. 搜索"自测题 7"文件夹下的 BANXIAN.for 文件,然后将其删除。

三、字处理

1. 在"自测题 7"文件夹下,打开文档 WORD1.docx,按照要求完成下列操作并以该文件名(WORD1.docx)保存文档。

【文档开始】

60 亿人同时打电话

15 世纪末哥伦布发现南美洲新大陆,由于通讯技术落后,西班牙女王在半年后才得到消息。1865 年美国总统林肯遭暗杀，英国女王在 13 天后才得知消息。而 1969 年美国阿波罗登月舱第一次把人送上月球的消息，只用了 1.3 秒钟就传遍了全世界。今天，许多重大事件都可以马上向全世界传播。

　　无线电短波通讯的频率范围为 3～30MHz，微波通讯的频率范围为 1000～10000MHz，后者的频率比前者提高几百倍，可以容纳上千门电话和多路电视。而激光的频率范围为 $1×10^7$～$100×10^7$MHz，比微波提高 1 万～10 万倍。假定每路电话频带为 4000Hz，则大约可容纳 100 亿路电话。如果全世界人口按 60 亿计算，那么世界上所有人同时利用一束激光通话仍绰绰有余。

　　【文档结束】

　　（1）将文中所有"通讯"替换为"通信"；将标题段文字（"60 亿人同时打电话"）设置为小二号、蓝色（标准色）、黑体、加粗、居中，并添加黄色底纹。

　　（2）将正文各段文字（"15 世纪末……绰绰有余。"）设置为四号楷体；各段落首行缩进 2字符、段前间距 0.5 行；将正文第二段（"无线电短波通信……绰绰有余。"）中的两处"10^7"中的"7"设置为上标表示形式。将正文第二段（"无线电短波通信……绰绰有余。"）分为等宽的两栏。

　　（3）在页面顶端插入"奥斯汀"样式页眉，并输入页眉内容"通信知识"。在页面底端插入"普通数字 3"样式页码，设置页码编号格式为"Ⅰ、Ⅱ、Ⅲ……"，起始页码为"Ⅲ"。

　　2. 在"自测题 7"文件夹下，打开文档 WORD2.docx，按照要求完成下列操作并以该文件名（WORD2.docx）保存文档。

　　【文档开始】

职工姓名	基本工资	职务工资	岗位津贴
张三	307	702	411
李四	225	545	326
王五	462	820	620
赵六	362	780	470
平均值			

　　【文档结束】

　　（1）计算表格二、三、四列单元格中数据的平均值并填入最后一行。按"基本工资"列升序排列表格前五行内容。

　　（2）设置表格居中，表格中的所有内容水平居中；设置表格列宽为 2.5 厘米、行高 0.6厘米；设置外框线为蓝色（标准色）0.75 磅双窄线、内框线为绿色（标准色）0.5 磅单实线。

　　四、电子表格

　　1. 打开工作簿文件 EXCEL.xlsx，按照要求完成下列操作。

　　（1）将 Sheet1 工作表的 A1:E1 单元格合并为一个单元格，内容水平居中；计算各职称所占教师总人数的百分比（百分比型，保留小数点后 2 位），计算各职称出国人数占该职称人数的百分比（百分比型，保留小数点后 2 位）；利用条件格式"数据条"下的"蓝色数据条"渐变填充修饰 C3:C6 和 E3:E6 单元格区域。

　　（2）选择"职称"、"职称百分比"和"出国进修百分比"三列数据区域的内容建立"簇状柱形图",图表标题为"师资情况统计图",图例位置靠上;将图插入到表 A8:E24 单元格区域,将工作表命名为"师资情况统计表",保存 EXCEL.xlsx 文件。

	A	B	C	D	E
1	某学校师资情况表				
2	职称	人数	职称百分比	出国进修人数	出国进修百分比
3	教授	125		68	
4	副教授	436		156	
5	讲师	562		56	
6	助教	296		23	

2. 打开工作簿文件 EXC.xlsx,对工作表"'计算机动画技术'成绩单"内数据清单的内容进行排序,条件是:主要关键字为"系别","升序",次要关键字为"考试成绩","降序"。工作表名不变,保存 EXC.xlsx 工作簿。

五、演示文稿

打开"自测题 7"文件夹下的演示文稿 yswg.pptx,按照下列要求完成对此文稿的修饰并保存。

1. 使用"新闻纸"主题修饰全文,将全部幻灯片的切换方案设置成"门",效果选项为"水平"。

2. 第二张幻灯片版式改为"两栏内容",将"自测题 7"文件夹下的图片文件 ppt1.jpg 插入到第二张幻灯片右侧内容区,图片动画设置为"进入"、"基本缩放",效果选项为"缩小",并插入备注:"商务、教育专业投影机"。在第二张幻灯片之后插入"标题幻灯片",主标题输入"买一得二的时机成熟了"。副标题输入"可获赠数码相机",字号设置为 30 磅、红色(RGB 模式:红色 255,绿色 0,蓝色 0)。第一张幻灯片在水平为 1.3 厘米、自左上角,垂直为 8.24 厘米、自左上角的位置处插入样式为"填充-白色,渐变轮廓-强调文字颜色 1"的艺术字"轻松拥有国际品质的投影专家",艺术字宽度为 22.5 厘米,文字效果为"转换-跟随路径-下弯弧"。

自测题八

一、选择题

1. 十进制数 75 等于二进制数(　　)。
   A) 1001011　　　　　B) 1010101　　　　　C) 1001101　　　　　D) 1000111

2. 用 8 位二进制数能表示的最大的无符号整数等于十进制整数(　　)。
   A) 255　　　　　　　B) 256　　　　　　　C) 128　　　　　　　D) 127

3. 用来存储当前正在运行的应用程序及相应数据的存储器是(　　)。
   A) ROM　　　　　　　B) 硬盘　　　　　　　C) RAM　　　　　　　D) CD-ROM

4. 已知汉字"家"的区位码是 2850,则其国标码是(　　)。
   A) 4870D　　　　　　B) 3C52H　　　　　　C) 9CB2H　　　　　　D) A8DOH

5. 字符比较大小实际是比较它们的 ASCII 码值,正确的比较是(　　)。
   A) A 比 B 大　　　　　　　　　　　　　B) H 比 h 小
   C) F 比 D 小　　　　　　　　　　　　　D) 9 比 D 大

6. 无符号二进制整数 101001 转换成十进制整数等于(　　)。
   A) 41　　　　　　　　B) 43　　　　　　　　C) 45　　　　　　　　D) 39

7. 下面关于 U 盘的描述中,错误的是(　　)。
   A) U 盘有基本型、增强型和加密型三种
   B) U 盘的特点是质量轻、体积小
   C) U 盘多固定在机箱内,不便携带
   D) 断电后,U 盘还能保持存储的数据不丢失

8. 第三代计算机采用的电子元件是(　　)。
   A) 晶体管　　　　　　　　　　　　　　B) 中、小规模集成电路
   C) 大规模集成电路　　　　　　　　　　D) 电子管

9. 下列设备组中,完全属于外部设备的一组是(　　)。
   A) CD-ROM 驱动器、CPU、键盘、显示器
   B) 激光打印机、键盘、CD-ROM 驱动器、鼠标器
   C) 内存储器、CD-ROM 驱动器、扫描仪、显示器
   D) 打印机、CPU、内存储器、硬盘

10. 计算机之所以能按人们的意图自动进行工作,最直接的原因是因为采用了(　　)。
    A) 二进制　　　　　　　　　　　　　　B) 高速电子元件
    C) 程序设计语言　　　　　　　　　　　D) 存储程序控制

11. 下列各组软件中,全部属于应用软件的是(　　)。
   A) 程序语言处理程序、操作系统、数据库管理系统
   B) 文字处理程序、编辑程序、UNIX 操作系统
   C) 财务处理软件、金融软件、WPS Office 2010
   D) Word 2010、Photoshop、Windows 7

12. 通常所说的微型计算机主机是指(　　)。
   A) CPU 和内存　　　　　　　　　　B) CPU 和硬盘
   C) CPU、内存和硬盘　　　　　　　　D) CPU、内存与 CD-ROM

13. 下列关于计算机病毒的叙述中,错误的是(　　)。
   A) 计算机病毒具有潜伏性
   B) 计算机病毒具有传染性
   C) 感染过计算机病毒的计算机具有对该病毒的免疫性
   D) 计算机病毒是一个特殊的寄生程序

14. 域名 MH. BIT. EDU. CN 中主机名是(　　)。
   A) MH　　　　　B) EDU　　　　　C) CN　　　　　D) BIT

15. 运算器的功能是(　　)。
   A) 进行逻辑运算　　　　　　　　　B) 进行算术运算或逻辑运算
   C) 进行算术运算　　　　　　　　　D) 做初等函数的计算

16. 在微型计算机中,西文字符所采用的编码是(　　)。
   A) EBCDIC 码　　　B) ASCII 码　　　C) 国标码　　　　D) BCD 码

17. 根据汉字国标码 GB 2312—80 的规定,将汉字分为常用汉字和次常用汉字两级。次常用汉字的排列次序是按(　　)。
   A) 偏旁部首　　　B) 汉语拼音字母　　C) 笔画多少　　　D) 使用频率多少

18. 组成计算机指令的两部分是(　　)。
   A) 数据和字符　　　　　　　　　　B) 操作码和地址码
   C) 运算符和运算数　　　　　　　　D) 运算符和运算结果

19. 存储一个 24×24 点的汉字字形码需要(　　)。
   A) 32 字节　　　　B) 48 字节　　　　C) 64 字节　　　　D) 72 字节

20. 对计算机操作系统的作用描述完整的是(　　)。
   A) 管理计算机系统的全部软、硬件资源,合理组织计算机的工作流程,以充分发挥计算机资源的效率,为用户提供使用计算机的友好界面
   B) 对用户存储的文件进行管理,方便用户
   C) 执行用户输入的各类命令
   D) 是为汉字操作系统提供运行的基础

二、基本操作题

1. 在"自测题 8"文件夹下的 QUE 文件夹中新建一个 XUE 文件夹。

2. 将"自测题 8"文件夹下 BLUE 文件夹中的文件夹 HUO 移动到"自测题 8"文件夹下 HJK 文件夹中,并将该文件夹重命名为 WORK。

3. 搜索"自测题 8"文件夹下的 HELLO. txt 文件,然后将其删除。

4. 将"自测题 8"文件夹下的 ADOBE 文件夹复制到"自测题 8"文件夹下 COM/MOVE 文件夹中。

5. 为"自测题 8"文件夹下 COMP 文件夹中的 BEN5.for 文件建立名为 BEN 的快捷方式,存放在"自测题 8"文件夹下。

三、字处理

对"自测题 8"文件夹下 WORD.docx 文档中的文字进行编辑、排版和保存,具体要求如下:

【文档开始】

宾至如归

里根和加拿大总理特鲁多私人关系较好。不过,当里根以美国总统身份第一次访问加拿大时,加拿大的民众并没有给他们的总理面子,而是不断举行反美示威游行。

特鲁多总理感到很难堪,但里根却很洒脱地对他说:"这种事情在美国经常发生,我想他们一定是从美国赶到贵国的,他们想使我有一种宾至如归的感觉。"

新天地公司销售二部一季度销售额统计表(单位:万元)

姓名	一月份	二月份	三月份	总计
张玲	300	260	320	
李小亮	255	240	280	
王明星	368	280	300	
赵凯歌	400	300	255	
总计				

【文档结束】

(1) 将标题段("宾至如归")文字设置为红色四号楷体、居中,并添加绿色边框("方框")、黄色底纹。

(2) 设置正文各段落("里根和加拿大总理……宾至如归的感觉。")右缩进 1 字符、行距为 1.3 倍;全文分等宽三栏、首字下沉 2 行;第二段首行缩进 2 字符。

(3) 设置页眉为"小幽默摘自《读者》",字体为小五号宋体。

(4) 将文中后 6 行文字转换成一个 6 行 5 列的表格,设置表格居中、表格列宽为 2 厘米、行高为 0.8 厘米,表格中所有文字靠下居中。

(5) 分别计算表格中每人销售额总计和每月销售额总计。

四、电子表格

(1) 在"自测题 8"文件夹下打开 EXC.xlsx 文件,将 Sheet1 工作表的 A1:E1 单元格合并为一个单元格,水平对齐方式设置为居中;计算各位员工工资的税前合计(税前合计=基本工资+岗位津贴−扣除杂费),将工作表命名为"员工工资情况表"。

	A	B	C	D	E
1	企业员工工资情况表				
2	职工号	基本工资	岗位津贴	扣除杂费	税前合计
3	2271	900	1950	69	
4	3619	950	2250	78	
5	8503	1150	3750	93	

（2）打开工作簿文件 EXA.xlsx,对工作表"数据库技术成绩单"内数据清单的内容进行分类汇总（提示：分类汇总前先按"系别"降序排序），分类字段为"系别",汇总方式为"平均值",汇总项为"总成绩",汇总结果显示在数据下方,工作表名不变,工作簿名不变。

五、演示文稿

打开"自测题 8"文件夹下的演示文稿 yswg.pptx,按照下列要求完成对此文稿的修饰,并保存。

（1）使用"复合"模板修饰全文。全部幻灯片切换效果为"溶解"。

（2）将第一张幻灯片的版式改为"内容与标题"。标题文字的字体设置为"黑体",字号设置为"53 磅","加粗"。将文本移动到文本区,设置文本字体为"宋体",字号为"15 磅"。剪贴画部分插入 Office 收藏集中"academics,crayons,photographs…"类的剪贴画。图片动画设置为"进入"、"棋盘"、"下"。将第二张幻灯片改为第一张幻灯片。

自 测 题 九

一、选择题

1. 存储一个 32×32 点的汉字字形码需用的字节数是（　　）。

   A) 256　　　　　　　　B) 128　　　　　　　　C) 72　　　　　　　　D) 16

2. 目前市售的 USB FLASH DISK(俗称 U 盘)是一种（　　）。

   A) 输出设备　　　　B) 输入设备　　　　C) 存储设备　　　　D) 显示设备

3. 计算机操作系统通常具有的五大功能是（　　）。

   A) CPU 管理、显示器管理、键盘管理、打印机管理和鼠标器管理

   B) 硬盘管理、软盘驱动器管理、CPU 的管理、显示器管理和键盘管理

   C) 处理器(CPU)管理、存储管理、文件管理、设备管理和作业管理

   D) 启动、打印显示、文件存取和关机

4. 下列叙述中,正确的是（　　）。

   A) 把数据从硬盘上传送到内存的操作称为输出

   B) WPS Office 2003 是一个国产的系统软件

   C) 扫描仪属于输出设备

   D) 将高级语言编写的源程序转换成为机器语言程序的程序叫编译程序

5. 下列计算机技术词汇的英文缩写和中文名字对照中,错误的是（　　）。

   A) CPU—中央处理器　　　　　　　　B) ALU—算术逻辑部件

   C) CU—控制部件　　　　　　　　　　D) OS—输出服务

6. 下列关于因特网上收/发电子邮件优点的描述中,错误的是（　　）。

   A) 不受时间和地域的限制,只要能接入因特网,就能收发电子邮件

   B) 方便、快速

   C) 费用低廉

   D) 收件人必须在原电子邮箱申请地接收电子邮件

7. 一个汉字的内码长度为 2 个字节,其每个字节的最高二进制位的值依次分别是（　　）。

   A) 0,0　　　　　　　　B) 0,1　　　　　　　　C) 1,0　　　　　　　　D) 1,1

8. 用高级程序设计语言编写的程序（　　）。

   A) 计算机能直接执行　　　　　　　　B) 可读性和可移植性好

   C) 可读性差但执行效率高　　　　　　D) 依赖于具体机器,不可移植

9. 下列设备中,完全属于输出设备的一组是（　　）。

   A) 喷墨打印机,显示器,键盘　　　　　B) 激光打印机,键盘,鼠标

C) 键盘,鼠标器,扫描仪   D) 打印机,绘图仪,显示器

10. 十进制数 57 转换成无符号二进制整数是(   )。

    A) 0111001   B) 0110101   C) 0110011   D) 0110111

11. MIPS 是表示计算机(   )性能的单位。

    A) 字长   B) 主频   C) 运算速度   D) 存储容量

12. 通用软件不包括(   )。

    A) 文字处理软件   B) 电子表格软件

    C) 专家系统   D) 数据库系统

13. 下列有关计算机性能的描述中,不正确的是(   )。

    A) 一般而言,主频越高,速度越快

    B) 内存容量越大,处理能力就越强

    C) 计算机的性能好不好,主要看主频是不是高

    D) 内存的存取周期也是计算机性能的一个指标

14. 微型计算机内存储器是(   )。

    A) 按二进制数编址   B) 按字节编址

    C) 按字长编址   D) 根据微处理器不同而编址不同

15. 下列属于击打式打印机的有(   )。

    A) 喷墨打印机   B) 针式打印机   C) 静电式打印机   D) 激光打印机

16. 下列 4 条叙述中,正确的一条是(   )。

    A) 为了协调 CPU 与 RAM 之间的速度差间距,在 CPU 芯片中又集成了高速缓冲
       存储器

    B) 计算机在使用过程中突然断电,SRAM 中存储的信息不会丢失

    C) 计算机在使用过程中突然断电,DRAM 中存储的信息不会丢失

    D) 外存储器中的信息可以直接被 CPU 处理

17. 微型计算机系统中,PROM 是(   )。

    A) 可读写存储器   B) 动态随机存取存储器

    C) 只读存储器   D) 可编程只读存储器

18. 下列 4 项中,不属于计算机病毒特征的是(   )。

    A) 潜伏性   B) 传染性   C) 激发性   D) 免疫性

19. 下列关于计算机的叙述中,不正确的一条是(   )。

    A) 高级语言编写的程序称为目标程序

    B) 指令的执行是由计算机硬件实现的

    C) 国际常用的 ASCII 码是 7 位 ASCII 码

    D) 超级计算机又称为巨型机

20. 下列关于计算机的叙述中,不正确的一条是(   )。

    A) CPU 由 ALU 和 CU 组成   B) 内存储器分为 ROM 和 RAM

    C) 最常用的输出设备是鼠标   D) 应用软件分为通用软件和专用软件

二、基本操作

1. 在"自测题 9"文件夹下分别创建名为 YA 和 YB 两个文件夹。

2. 将"自测题 9"文件夹下的 ZHU/GA 文件夹复制到"自测题 9"文件夹下。

3. 删除"自测题 9"文件夹下 KCTV 文件夹中的 DAO 文件夹。

4. 将"自测题 9"文件夹下的 YA 文件夹设置成隐藏属性。

5. 搜索"自测题 9"文件夹下的 MAN.ppt 文件,将其移动到"自测题 9"文件夹下的 YA 文件夹中。

三、字处理

试对"自测题 9"文件夹下 WORD.docx 文档中的文字进行编辑、排版和保存,具体要求如下:

(1) 将文档中倒数第一行至第八行字体大小设置为五号,红色;倒数第九行文字("表 4.7 网页数及网页字节数")设置为四号、蓝色、加粗,文字效果设置为"实线"。

(2) 将标题 1、2、3、4 下面的自然段左右缩进设置为 5 字符、首行缩进 2 字符,行距为 1.25 倍;对倒数第九行("表 4.7 网页数及网页字节数")进行段前分页。

(3) 在页面底端(页脚)居中位置插入页码"普通数字 2";设置页眉为"用户对宽带服务的满意度与建议"并居中。

(4) 将正文倒数第一行至第八行转换为一 8 行 3 列的表格,表格居中,表格第一列列宽为 3 厘米,其余列列宽为 5 厘米。

(5) 对表格第一列的第二到第五单元格、第六到第八单元格进行合并;设置表格所有边框线为 1.5 磅蓝色双窄线。

四、电子表格

1. 在"自测题 9"文件夹下打开 EXCEL.xlsx 文件,按要求完成下列操作。

(1) 将 Sheet1 工作表的 A1:E1 单元格合并为一个单元格,内容水平居中;计算学生的平均成绩(保留小数点后一位,置于 C23 单元格内),按成绩的递减顺序计算"排名"列的内容(利用 RANK 函数),在"备注"列内给出以下信息:成绩在 105 分及以上为"优秀",其他为"良好"(利用 IF 函数);利用条件格式将 E3:E22 区域内容为"优秀"的单元格字体颜色设置为绿色。

(2) 选取"学号"和"成绩"列内容,建立"带数据标记的折线图"(系列产生在"列"),图标题为"竞赛成绩统计图",图例置底部;将图插入到表的 F8:K22 单元格区域内,将工作表命名为"竞赛成绩统计图",保存 EXCEL.xlsx 文件。

2. 打开工作簿文件 EXC.xlsx,对工作表"人力资源情况表"内数据清单的内容进行自动筛选,条件为各部门学历为本科或硕士、职称为工程师的人员,工作表名不变,保存 EXC.xlsx 文件。

五、演示文稿

打开"自测题 9"文件夹下的演示文稿 yswg.pptx,按下列要求完成对此演示文稿的修饰并保存。

(1) 在第一张幻灯片前插入一张新幻灯片,幻灯片版式为"标题幻灯片",主标题区域输入"国家大剧院",并设置字体为"黑体"、"加粗"、字号为 73 磅、颜色为蓝色(请用自定义标签的红色 0、绿色 0、蓝色 250),副标题区域输入"规模空前的演出中心",并设置字体为"楷体_

GB2312"、字号为 47 磅。将第四张幻灯片的图片移到第二张幻灯片剪贴画区域。在第三张幻灯片中插入形状为"填充-白色,背景 1,金属棱台"的艺术字"国家大剧院"(位置为水平:9.9 厘米,自:左上角,垂直:1.5 厘米,自:左上角)。第二张幻灯片的图片动画设置为"螺旋飞入"。

(2) 删除第四张幻灯片,将第一张幻灯片的背景填充设置为"水滴"纹理。全部幻灯片切换效果为"随机线条"。

自 测 题 十

1. 微型计算机按照结构可以分为（　　　）。
   A) 单片机、单板机、多芯片机、多板机　　　B) 286 机、386 机、486 机、Pentium 机
   C) 8 位机、16 位机、32 位机、64 位机　　　D) 以上都不是

2. 计算机在现代教育中的主要应用有计算机辅助教学、计算机模拟、多媒体教室和（　　　）。
   A) 网上教学和电子大学　　　　　　　　B) 家庭娱乐
   C) 电子试卷　　　　　　　　　　　　　D) 以上都不是

3. 与十六进制数 26CE 等值的二进制数是（　　　）。
   A) 011100110110010　　　　　　　　B) 0010011011011110
   C) 10011011001110　　　　　　　　　D) 1100111000100110

4. 下列 4 种不同数制表示的数中，数值最小的一个是（　　　）。
   A) 八进制数 52　　　　　　　　　　　B) 十进制数 44
   C) 十六进制数 2B　　　　　　　　　　D) 二进制数 101001

5. 十六进制数 2BA 对应的十进制数是（　　　）。
   A) 698　　　　　　B) 754　　　　　　C) 534　　　　　　D) 1243

6. 某汉字的区位码是 3721，它的国际码是（　　　）。
   A) 5445H　　　　　B) 4535H　　　　　C) 6554H　　　　　D) 3555H

7. 存储一个国际码需要（　　　）个字节。
   A) 1　　　　　　　B) 2　　　　　　　C) 3　　　　　　　D) 4

8. ASCII 码其实就是（　　　）。
   A) 美国标准信息交换码　　　　　　　B) 国际标准信息交换码
   C) 欧洲标准信息交换码　　　　　　　D) 以上都不是

9. 以下属于高级语言的有（　　　）。
   A) 机器语言　　　　B) C 语言　　　　C) 汇编语言　　　　D) 以上都是

10. 以下关于汇编语言的描述中，错误的是（　　　）。
    A) 汇编语言诞生于 20 世纪 50 年代初期
    B) 汇编语言不再使用难以记忆的二进制代码
    C) 汇编语言使用的是助记符号
    D) 汇编程序是一种不再依赖于机器的语言

11. 下列不属于系统软件的是（　　）。

　　A) UNIX　　　　　　B) QBASIC　　　　　C) Excel　　　　　　D) FoxPro

12. Pentium Ⅲ 500 是 Intel 公司生产的一种 CPU 芯片。其中的"500"指的是该芯片的（　　）。

　　A) 内存容量为 500MB　　　　　　　　B) 主频为 500MHz

　　C) 字长为 500 位　　　　　　　　　　D) 型号为 80500

13. 一台计算机的基本配置包括（　　）。

　　A) 主机、键盘和显示器　　　　　　　B) 计算机与外部设备

　　C) 硬件系统和软件系统　　　　　　　D) 系统软件与应用软件

14. 把计算机与通信介质相连并实现局域网络通信协议的关键设备是（　　）。

　　A) 串行输入口　　　　　　　　　　　B) 多功能卡

　　C) 电话线　　　　　　　　　　　　　D) 网卡（网络适配器）

15. 下列几种存储器中，存取周期最短的是（　　）。

　　A) 内存储器　　　　　　　　　　　　B) 光盘存储器

　　C) 硬盘存储器　　　　　　　　　　　D) 软盘存储器

16. CPU、存储器、I/O 设备是通过（　　）连接起来的。

　　A) 接口　　　　　　B) 总线　　　　　　　C) 系统文件　　　　D) 控制线

17. CPU 能够直接访问的存储器是（　　）。

　　A) 软盘　　　　　　B) 硬盘　　　　　　　C) RAM　　　　　　D) CD-ROM

18. 以下有关计算机病毒的描述，不正确的是（　　）。

　　A) 是特殊的计算机部件　　　　　　　B) 传播速度快

　　C) 是人为编制的特殊程序　　　　　　D) 危害大

19. 下列关于计算机的叙述中，不正确的一条是（　　）。

　　A) 计算机由硬件和软件组成，两者缺一不可

　　B) Microsoft Word 可以绘制表格，所以也是一种电子表格软件

　　C) 只有机器语言才能被计算机直接执行

　　D) 臭名昭著的 CIH 病毒是在 4 月 26 日发作的

20. 下列关于计算机的叙述中，正确的一条是（　　）。

　　A) 系统软件是由一组控制计算机系统并管理其资源的程序组成

　　B) 有的计算机中，显示器可以不与显示卡匹配

　　C) 软盘分为 5.25 英寸和 3.25 英寸两种

　　D) 磁盘就是磁盘存储器

二、基本操作题

1. 在"自测题 10"文件夹下的 XIN 文件夹中分别建立名为 HUA 的文件夹和一个名为 ABC.dbf 的文件。

2. 搜索"自测题 10"文件夹下以 A 字母开头的 DLL 文件，然后将其复制在"自测题 10"文件夹下的 HUA 文件夹中。

3. 为"自测题 10"文件夹下的 XYA 文件夹建立名为 XYB 的快捷方式，存放在"自测题 10"文件夹中。

4. 将"自测题 10"文件夹下的 PAX 文件夹中的 EXE 文件夹取消隐藏属性。

5. 将"自测题 10"文件夹下的 ZAY 文件夹移动到"自测题 10"文件夹下 QWE 文件夹中,重命名为 XIN。

三、字处理

在"自测题 10"文件夹下打开文档 word.docx,按照要求完成下列操作并以该文件名(word.docx)保存文档。

【文档开始】

最新超级计算机 500 强出炉

每年公布两次全球超级计算机 500 强排名的 TOP500.Org 组织近日公布了 2008 年 6 月的全球超级计算机 500 强排名。

据悉,IBM 为美国能源部洛斯阿拉莫斯国家实验室(Los Alamos National Laboratory)开发的走鹃(Roadrunner)计算机以峰值每秒 1026 万亿次位居榜首,并成为全球首台突破每秒 1000 万亿次浮点运算的超级计算机。

在统在本次上榜的超级计算机 500 强中,美国上榜 257 台,英国 53 台,德国 46 台,法国 34 台,日本 22 台,中国 15 台(含台湾 3 台)。

此外,在中国大陆上榜的 12 台计算机中,排名最靠前的是 2007 年部署在中国石化胜利油田的一台 IBM 计算机,峰值运算能力为每秒 18.6 万亿次,现排名 111 位。另外中国石油有 4 台同样型号的 IBM 计算机上榜,每台的峰值运算能力为每秒 9.3 万亿次。其他进入 500 强榜单的几台超级计算机则分布在电信、气象、地理和物流等行业用户。

最后,从处理器来看,采用英特尔处理器的超级计算机高达 375 台,在 TOP500 占 75%,比上次增加了 4.2%;采用 IBM Power 芯片的为 68 台;采用 AMD 芯片的为 55 台。

超级计算机 500 强前 5 名

名次	计算机	年份	厂家	性能(万亿次每秒)
1	Roadrunner	2008	IBM	1026.0
2	Blue Gene/L	2007	IBM	478.2
3	Blue Gene/P	2008	IBM	450.3
4	Ranger	2008	SUN	326.0
5	Jaguar	2008	Cray	205.0

【文档结束】

(1) 将标题段("最新超级计算机 500 强出炉")文字设置为红色(标准色)、小二号黑体、加粗、居中,文本效果设置为"阴影-外部-向右偏移"。

(2) 设置正文各段落("每年公布……55 台。")的中文文字为五号宋体,西文文字为五号 Arial 字体;设置正文各段落悬挂缩进 2 字符,行距 18 磅,段前间距 0.5 行。

(3) 插入"奥斯汀"型页眉,并在页眉标题栏内输入小五号宋体文字"科技新闻"。设置页面纸张大小为"B5(JIS)"。

(4) 将文中后 6 行文字转换成一个 6 行 5 列的表格,设置表格居中,并使用"根据内容自动调整表格"选项自动调整表格,设置表格所有文字水平居中。

(5) 设置表格外框线为 3 磅蓝色(标准色)单实线、内框线为 1 磅蓝色(标准色)单实线;

设置表格为黄色(标准色)底纹。

四、电子表格

1. 在"自测题 10"文件夹下打开 EXCEL. xlsx 文件,按要求完成下列操作。

(1) 将 Sheet1 工作表的 A1:F1 单元格合并为一个单元格,内容水平居中;计算"平均成绩"列的内容(数值型,保留小数点后 2 位),计算一组学生人数(置 G3 单元格内,利用 COUNTIF 函数)和一组学生平均成绩(置 G5 单元格内,利用 SUMIF 函数)。

(2) 选取"学号"和"平均成绩"列内容,建立"簇状棱锥图",图标题为"平均成绩统计图",删除图例;将图插入到表的 A14:G29 单元格区域内,将工作表命名为"成绩统计表",保存 EXCEL. xlsx 文件。

	A	B	C	D	E	F	G
1	某学校学生成绩表						
2	学号	组别	数学	语文	英语	平均成绩	一组人数
3	A1	一组	112	98	106		
4	A2	一组	98	103	109		一组平均成绩
5	A3	一组	117	99	99		
6	A4	二组	115	112	108		
7	A5	一组	104	96	90		
8	A6	二组	101	110	105		
9	A7	一组	93	109	107		
10	A8	二组	95	102	106		
11	A9	一组	114	103	104		
12	A10	二组	89	106	116		

2. 打开工作簿文件 EXC. xlsx,对工作表"图书销售情况表"内数据清单的内容进行筛选,条件为各分部第三或第四季度、计算机类或少儿类图书,工作表名不变,保存 EXC. xlsx 工作簿。

五、演示文稿

打开"自测题 10"文件夹下的演示文稿 yswg. pptx,按照下列要求完成对此文稿的修饰并保存。

(1) 在第一张幻灯片中插入样式为"填充-白色,投影"的艺术字"运行中的京津城铁",文字效果为"转换-波形 2",艺术字位置为水平为 6 厘米,自左上角,垂直为 7 厘米,自左上角。第二张幻灯片的版式改为"两栏内容",在右侧文本区输入"一等车厢票价不高于 70 元,二等车厢票价不高于 60 元。",且文本设置为"楷体"、47 磅。将"自测题 10"文件夹下的图片文件 ppt1. jpg 插入到第三张幻灯片的内容区域。在第三张幻灯片备注区插入文本"单击标题,可以循环放映。"。

(2) 第一张幻灯片的背景设置为"金乌坠地"预设颜色。幻灯片放映方式为"演讲者放映"。

自测题中选择题参考答案

自测题一

1. B   2. C   3. A   4. C   5. C   6. C   7. B   8. C   9. B   10. B
11. B   12. B   13. A   14. B   15. C   16. A   17. C   18. D   19. A   20. C

自测题二

1. B   2. D   3. C   4. D   5. C   6. B   7. D   8. C   9. C   10. A
11. D   12. C   13. C   14. C   15. A   16. B   17. D   18. A   19. B   20. B

自测题三

1. D   2. A   3. A   4. D   5. A   6. D   7. B   8. C   9. C   10. B
11. C   12. C   13. C   14. C   15. A   16. C   17. A   18. B   19. B   20. C

自测题四

1. B   2. D   3. B   4. B   5. B   6. C   7. C   8. D   9. C   10. C
11. C   12. B   13. B   14. B   15. C   16. B   17. D   18. C   19. A   20. A

自测题五

1. B   2. D   3. A   4. B   5. C   6. A   7. A   8. C   9. C   10. A
11. C   12. B   13. C   14. B   15. D   16. B   17. C   18. A   19. B   20. B

自测题六

1. B   2. B   3. B   4. C   5. C   6. D   7. C   8. C   9. D   10. B
11. A   12. A   13. B   14. D   15. C   16. C   17. D   18. D   19. D   20. B

自测题七

1. C   2. B   3. B   4. B   5. D   6. D   7. D   8. A   9. C   10. C
11. B   12. B   13. C   14. A   15. A   16. B   17. D   18. A   19. C   20. B

自测题八

1. A　2. A　3. C　4. B　5. B　6. A　7. C　8. B　9. B　10. D
11. C　12. A　13. C　14. A　15. B　16. B　17. A　18. B　19. D　20. A

自测题九

1. B　2. C　3. C　4. D　5. D　6. D　7. D　8. B　9. D　10. A
11. C　12. D　13. C　14. B　15. B　16. A　17. D　18. D　19. A　20. C

自测题十

1. A　2. A　3. C　4. D　5. A　6. B　7. B　8. A　9. B　10. D
11. C　12. B　13. C　14. D　15. A　16. B　17. C　18. A　19. B　20. A

主教材习题参考答案

习题 1

一、选择题

1. A   2. D   3. D   4. A   5. B   6. C   7. D   8. A   9. C   10. B

二、填空题

1. ENIAC

2. 存储程序   程序控制

3. 运算器   控制器

4. 主频   字长   存取速度   存取容量   I/O 的速度

5. 控制总线   数据总线   地址总线

6. 存储管理   设备管理

7. 输入设备   输出设备   运算器   控制器   存储器

8. 操作数   操作码

9. 多媒体化

10. 10100010   242   A2

三、思考题

答案略。

习题 2

一、选择题

1. C   2. D   3. B   4. C   5. A   6. A   7. A   8. B   9. C   10. A

11. C   12. C   13. A   14. A   15. D   16. B   17. A   18. C   19. C   20. C

二、填空题

1. F1

2. 255

3. 堆叠显示窗口   并排显示窗口

4. 视频   图片   文档   音乐

5. 主文件名   扩展名   扩展名

6. Ctrl＋C   Ctrl＋V

7. 开始

8. Shift＋Space

9. Alt＋F4

10. 搜索框

三、思考题

答案略。

习题 3

一、选择题

1．A　2．C　3．D　4．A　5．B　6．C　7．B　8．A　9．C　10．D

11．D　12．A　13．C　14．A　15．B　16．D　17．A　18．C　19．B　20．A

21．C　22．C　23．B　24．A　25．A

二、填空题

1．.DOCX　档1

2．草稿视图　Web版式视图　页面视图　大纲视图　阅读版式视图　页面视图

3．DOTX

4．选项卡　功能区

5．标题栏　快速访问工具栏　选项卡　功能区　文档编辑区　滚动条　状态栏　标尺

6．文件　开始　插入页面　布局引用　邮件　审阅　视图

7．功能区

8．视图切换　显示比例

9．扩展　对话框　任务窗格

10．页面

三、思考题

答案略。

习题 4

一、选择题

1．C　2．C　3．D　4．B　5．B　6．B　7．B　8．D　9．B　10．B

二、填空题

1．.XLSX

2．视图

3．2　2

4．格式

5．3

6．30001

7．单引号

8．MAX

9．右对齐

10．等号

三、思考题

答案略。

习题 5

一、选择题

1. C　　2. D　　3. A　　4. A　　5. C　　6. B　　7. D　　8. B　　9. B　　10. B

11. B　12. D　13. D　14. A　15. C　16. D　17. B　18. A　19. B　20. D

二、填空题

1. PPTX

2. Delete

3. Ctrl

4. 插入

5. F5　Esc

6. 演示文稿

7. 9

8. 文件

9. 幻灯片放映

10. 横排　竖排

三、思考题

答案略。

习题 6

一、选择题

1. C　　2. A　　3. B　　4. D　　5. B　　6. B　　7. A　　8. B A　　9. D

10. B

二、填空题

1. 局域网、城域网、广域网

2. 5

3. 统一资源定位符

4. 32

5. 255．255．0．0

6. 用户名@邮件服务器名

7. 教育机构,政府部门

8. 星型

9. 双绞线,同轴电缆

10. 资源共享

三、思考题

答案略。

习题 7

一、选择题

1. C　　2. D　　3. D　　4. D　　5. B　　6. B　　7. C　　8. D　　9. B　　10. B

二、填空题

1. Logo

2. 超文本标记语言

3. OnClick

4. Color

5. 主体信息

6. Dreamweaver

7. Shift＋Enter

8. Ctrl＋Shift＋Space

9. Gif

10. Background

三、思考题

答案略。

习题 8

一、选择题

1. ABCD　　2. D　　3. B　　4. A　　5. AB　　6. B

二、填空题

1. 明文　密文

2. 非对称

3. 电子文档

4. 外部网

5. 特洛伊木马

三、思考题

答案略。

习题 9

一、选择题

1. A　　2. D　　3. D　　4. D　　5. C　　6. C　　7. ACD　8. AB　9. C　10. C

11. B　12. B　13. B

二、填空题

1. 黑色

2. 白色

3. 存储信息的实体

4. 计算机

5. 多样化信息

三、思考题

答案略。

149

习题 10

一、简答题

1. 答：WinRAR 可以压缩各种文件，其内置程序可以解开 CAB、ARJ、LZH、TAR、GZ、ACE、UUE、BZ2、JAR、ISO、Z 和 7Z 等多种类型的档案文件、镜像文件和 TAR 组合型文件。

2. 答：WinRAR 的分卷压缩操作可以将文件化整为零，这对于特别大的文件或需要网上传输的文件很有用。分卷传输完之后再合成，既保证了传输的便捷，同时也保证了文件的完整性。

3. 答：(1) WinRAR 采用独创的压缩算法。这使得该软件比其他同类计算机压缩工具拥有更高的压缩率，尤其是可执行文件、对象链接库、大型文本文件等。

(2) WinRAR 针对多媒体数据，提供了经过高度优化后的可选压缩算法。WinRAR 对 WAV、BMP 声音及图像文件可以用独特的多媒体压缩算法大大提高压缩率.

(3) WinRAR 支持 NTFS 文件安全及数据流

(4) WinRAR 具备创建多卷自解压压缩包的能力。

(5) WinRAR 能很好地修复受损的压缩文件。

4. 答：限速下载可以避免同时下载单个或多个文件时会占用大量带宽，影响其他网络程序，这样既可以下载文件又能快速浏览网页。

参 考 文 献

[1] 李琦,肖利群.大学计算机基础实验与考级题库指导.四川：四川大学出版社,2014.

[2] 龚沛曾,杨志强.大学计算机基础上机实验指导与测试.北京：高等教育出版社,2009.

[3] 王邦千.大学计算机应用基础.四川：西南交通大学出版社,2009.

[4] 查志琴,高波.微机组装与维护.北京：清华大学出版社,2009.

可在清华大学出版社网站下载教学资料

丛书特点

* 教学目标明确，注重理论与实践的结合
* 教学方法灵活，培养学生自主学习的能力
* 教学内容先进，强调计算机在各专业中的应用
* 教学模式完善，提供配套的教学资源解决方案

ISBN 978-7-302-41167-3

9 787302 411673 >

定价：25.00元

清华大学出版社数字出版网站

www.wqbook.com

扫一扫
了解更多计算机教材信息